東北大学出版会ブックレット　004

続　東北大生の皆さんへ

―教育と学生支援の新展開を目指して―

花輪　公雄　著

東北大学出版会

Messages to Tohoku University Students II
Kimio HANAWA
Tohoku University Press, Sendai
ISBN978-4-86163-325-6

はじめに

本書は二〇一九年四月に東北大学出版会より出版したブックレット003「東北大生の皆さんへ―教育と学生支援の新展開を目指して―」の続編である。本書「Ｐａｒｔ １」には、二〇一五年四月から二〇一八年三月までの三年間、毎月二〇日にウェブサイトへアップした「学生の皆さんへ」の三六編を収めた。「Ｐａｒｔ ２」には、同じ期間中に「折に触れて」として書いているエッセイの中から、大学教育や学生支援に関係する一六編と、新たに準備した「全学教育ガイド―全学教育を理解してもらうために―」を加えた計一七編のエッセイを収めた。

先のブックレットにも述べているが、繰り返してここでも述べておきたい。学生の皆さんへのエッセイは、その時々の話題を題材としたメッセージである。そのため本書では、発表時系列の順で掲載した。したがって、内容の重複や、同じテーマを何度も取り上げているものがある。また、東北大学内の異なる場面や媒体で、同じテーマに触れたものもある。それらを取捨選択し、整理したうえで書籍化することも検討したが、エッセイとしてだけでなく、一人の大学人・研究者による日記的な記録の性格も本書に含みたいと考え、読者の不便・混乱を承知しつつもこの形式とした。繰り返しとなるが、予めお断りしておく。

なお、本書「Ｐａｒｔ ２」の「折に触れて」の中には、先のブックレット003でもそうであったが、自分で過去の資料を集めてまとめたものがある。二番目のエッセイ「二〇一五年度東北大学オープンキャンパス」では、過去のオープンキャンパスについての情報を収集して私なりにまとめている。内容の正確さに注意を払ったつもりであるが、資料に不備や誤りがあれば、それはひとえに筆者の責任である。これらの資料に何かお気づきの点を見つけた場合は、ご指摘願えれば幸いである。

本ブックレットの挿絵も大石亜依さんが描いてくださった。杉本周作さんには、毎月ウェブサイトへのエッセイ掲載の労を取って頂いた。ここに記して感謝の意を表する。また、本書を出版するにあたり今回も東北大学出版会事務局長の小林直之さんから、本書の構成や内容について、貴重なご意見を頂いた。感謝申し上げる。

先のブックレット003とともに、本書が今後の大学における教育や学生支援になにがしかの参考になるのであれば、それは筆者の望外の喜びである。

本書を手に取ることなく急逝された恩師木村宰先生に捧ぐ。

二〇一九年八月一日
青葉山の研究室にて
花輪　公雄

【挿絵について】

本ブックレットには、大石亜依さんによる東北大学キャンパスからの出土品（本学埋蔵文化財調査室所蔵資料）を描いた挿絵が五点配置されている。作画にあたりご協力をいただいた埋蔵文化財調査室に感謝申し上げる。

「土器片」（4ページ）、「石鏃（せきぞく）：矢じり（39ページ）は、青葉山遺跡第7次・9次調査（理学研究科合同C棟付近）出土品で、いずれも縄文時代のもの。

「瓦片」（31ページ）、「手焙り（てあぶり）」（51ページ）、「猫」（92ページ）は、仙台城二の丸跡第9地点（川内南キャンパスの文・法合同研究棟付近）からの出土品で、いずれも江戸後期のもの。

目次

Part 1 学生の皆さんへ

1　二〇一六年度入学者用「東北大学案内」の表紙

本学が発行する冊子の一つに「東北大学案内」があります。本学に入学を希望する受験生に向けて、本学を紹介するための冊子です。入学前、ほとんどの皆さんがこの冊子を手に取ったのではないでしょうか。この冊子で対象とする主な読者は高校生ですので、できるだけ読みやすく、かつ分かりやすい内容となるよう工夫しています。これが翻って、誰にとっても読みやすい冊子になっていると思っています。五万人以上が参加する本学のオープンキャンパスで配布することもあり、毎年約八万部を印刷しています。

さて、この時期は、二〇一六年四月に入学を希望する受験者のための冊子を作成している最中です。既に校正段階に入っています。先ごろ私は、表紙の案が三つあるので、どれがいいのか選んでくださいとの依頼を受けました。一つ目は本学を訪問したこともあるアインシュタインの写真を使ったもの、二つ目は青葉山新キャンパスの航空写真を使ったもの、三つ目は最近復旧された青葉城の石垣の写真を使ったものです。どれも素晴らしい表紙なのですが、私は青葉城の石垣の写真を使ったものを選びました。

私が選んだ理由は、「積み重なって一つの構造物を作っている」ところが気に入ったからです。これでは何のことか分かりませんね、もう少し説明します。本学は一九〇七年の創立ですから一〇〇年を超す歴史があります。今日の東北大学は、この間の歴史の上に立っているのです。大学では、真理の探求ということで、より真理に近づこうと、これまでの知見の上に新たな知見を日々積み重ねています。また、毎年多くの卒業生を出していますが、これらの人たちが多くの方々と協力しあいながら社会を支えています。「石垣」はそのような状況の象徴と思えるからです。

二〇〇九年九月に、ノーベル賞を受賞したキュリー夫妻のお孫さんのエレーヌ・ランジュバン＝ジョリオ博士（パリ大学名誉教授）が来学され、理学部で講演を行いました。彼女は良い研究をする秘訣を問われ、研究を石垣の石に喩えて次のように答えました。「立派な成果を目指して研究することは重要ですが、いつもそのような成果が出るとは限りません。大事なことは、どのような研究も、その努力は報われる、ということです。喩えて言いますと、大きな石だけではしっかりとした石垣はできないのです。しっかりした石垣を作るためには、大きな石の間を埋める小さな石も必要なのです。私たちが行った研究が、大きな石なのか、小さな石なのか、すぐには分かりませんが、どんな大きさの石でも、石垣を作るのに必要なのは確かなのです。私はずっとそう思って研究をしてきました」。なんと勇気づけられる話ではないでしょうか。

（二〇一五年四月二〇日）

2 古典芸能に触れる

先月の二八日（火）、仙台市民会館大ホールで開催された「日韓国交正常化五〇周年記念　韓国古典芸能の名人舞台『祈願と徳談』」に出席しました。大韓民国外交部、駐仙台大韓民国総領事館、河北新報社が主催した会で、東北大学高度教養教育・学生支援機構も、宮城県や仙台市とともに後援団体として参加しました。その関係で機構の教職員もこの会へ招待されたのです。一五〇〇人収容の大ホールは、満席という盛況ぶりでした。

日本の人間国宝にあたる韓国無形文化財芸能保有者の称号をもつ方など、七名の出演者による舞踊、器楽演奏、民謡が、次々と演じられました。いずれもが品のある素晴らしい歌や演奏そして舞踊で、とても感動しました。私は、韓国へは研究集会出席のためのごく短期間の釜山への訪問一回と、トランジットでソウルに一泊した経験があるだけで、韓流ドラマも全く見ていませんので、韓国の古典芸能を見たり聞いたりしたのは今回が初めてでした。それでも、韓国の民謡や舞踊に、「既視（既聴？）感」というほどではありませんが、どこか懐かしいとの感情を抱きました。韓国の芸能は、古くから日本に伝来し、日本の民謡や舞踊に影響を与えているので、私たちはそれらの中に懐かしさを感ずるのではないでしょうか。

　私はこの会に参加し、このように古典芸能に触れることは、やはり素晴らしい経験になると改めて思いました。というのも、本学の全学教育に、日本の古典芸能を学んだり、さらにその実技を行ったりする授業を準備できないかと現在検討しているところなのです。このような授業への要望は、教員側からも学生側からも出ています。例えば、日舞や邦楽、そしてお茶や生け花、また、将棋や囲碁などの授業があってもいいのでは、との意見です。現在、どのような授業科目を設定できるのか、様々な観点から検討しているところです。是非、これらを整備して皆さんへ近々届けたいと思っているところです。

　ところで、この会でサプライズがありました。プログラムには掲載されていない「花は咲く」が、牙箏（アジェン）、縦笛（ピリ）、打楽（タアク）、伽倻琴（カヤグム）で演奏されたのです。東日本大震災のチャリティーソングである「花は咲く」の演奏は、梁桂和駐仙台韓国総領事のたってのリクエストだったとのことです。この演奏には、会場からとりわけ大きな拍手がありました。国や政治のレベルではぎくしゃくしている日韓関係ですが、このような交流を通じて少しでも早く改善することを願いたいものです。

（二〇一五年五月二〇日）

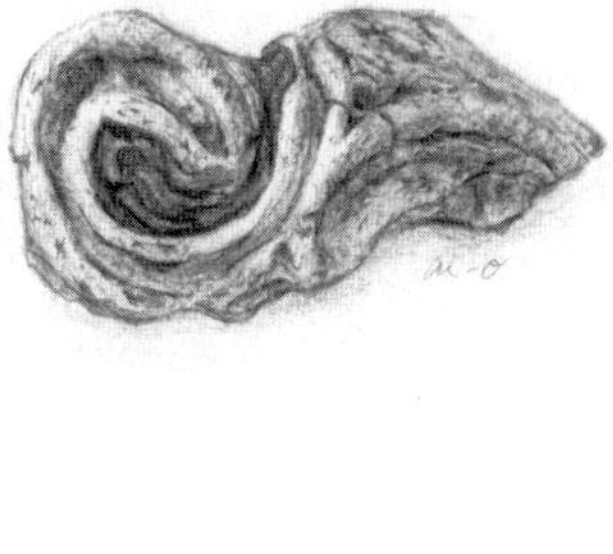

3　第三〇回東北大学国際祭り

先月二四日（日）に、川内南キャンパスの萩ホールの前庭で、第三〇回「東北大学国際祭り」が開催されました。主催は「東北大学留学生協会（Tohoku University Foreign Students Association：ＴＵＦＳＡ…「ツフサ」と発音）」です。これまでこの祭りは、本学の国際交流会館がある三条地区で開催されていました。一回目から二四回目までは本学の敷地で、二五回目から二九回目までの五回は仙台市立三条中学校のグランドでした。今回、より多くの市民と交流したいというＴＵＦＳＡの希望で、三〇回目となる節目に川内南キャンパスで開催したのです。

国際祭りでは、ステージで行われる民族音楽やダンス、テントで振舞われる各国の料理を楽しむことができます。特に各国の料理は大人気で、今年は二四か国の料理が出ました。一二〇〇円の前売り券（当日券一五〇〇円）を購入すると、三皿を楽しむことができます。人気のある屋台には長い行列ができていました。また、茶会が催されるなど日本文化に触れるコーナーもあります。

ところで、四月二五日の午前一一時五八分（現地時間）、ネパールで大きな地震が起こり、甚大な被害が出ました。本学にはネパールから六名の留学生がいますが、この日、会場内には支援の輪を広げようと「ネパール震災支援コーナー」も設けられました。

私もこの祭りを大いに楽しみました。留学生の皆さんの芸達者ぶりには本当に驚きました。皆さんしっかりと民族音楽を演奏し、そして踊ることができるのです。次に料理ですが、ベトナムの米粉麺とバングラデシュのチキンカリーを食べました。どちらもスパイシーでしたけれどおいしかったですね。当日は、晴天で気温も高くなりました。前日（三〇℃）ほどではありませんでしたが、二七・七℃の最高気温でした。日差しがとても強く、顔や腕が日焼けしたようです。

二〇〇七年六月二二日の本学創立百周年記念イベントのときに、片平キャンパスで国際祭りが開催されました。この例外はありますが、今回が事実上初めての三条地区以外での開催ということになります。聞くところによりますと、ＴＵＦＳＡはさらなる夢をもっているとのことです。それは、本学のキャンパスも出て、仙台市役所前の勾当台公園で国際祭りを開催することだそうです。仙台のど真ん中のど真ん中、五月中旬に開催される仙台青葉祭りや、九月の定禅寺通りJａｚフェスティバルなどでメインの会場が設けられる勾当台公園です。ここであれば確かに多くの市民の方が参加できるでしょうね。この夢、そう遠くない時期に実現するような予感がします。私も夢の実現に向けて応援したいですね。

（二〇一五年六月二〇日）

4　文化系サークルも参加する本学の七大戦

今月四日（土）の午後、川内南キャンパスの「萩ホール」において、第五四回七大戦（ななだいせん）の開会式が開催されました。一九六二年に北海道大学が主管（大会を世話する大学）となり開催された第一回から、今回五四回目の開催を迎えたのです。七大学とは、北海道大学、東京大学、名古屋大学、京都大学、大阪大学、九州大学、そして本学です。戦前に帝国大学として設立されましたので、七帝戦（しちていせん）と呼んでいた時期もあったようですが、現在は七大戦と呼んでいます。

さて、今回の開会式では、本学は被災した大学として、東日本大震災を忘れずそして風化させないようにと、本学学友会文化部所属の演劇部による演劇と、交響楽部による献奏が行われました。また、開会式後に川内北キャンパスの厚生施設「杜ダイニング」で行われたレセプションでは、主に留学生からなる国際チームによる雀踊りと、学友会文化部所属の邦楽部による津軽三味線の演奏が披露されました。国際チームの雀踊りも津軽三味線の演奏も、とてもダイナミックなもので盛大な拍手を受けていました。また、レセプション恒例の各大学総長による強烈な激励もあり、大変盛り上がったものと思っております。レセプションの途中や終了後に、何人もの方から最近の開会式・レセプションの中でも、とても印象的なものでしたとの声をいただきました。

学生支援課の方に聞きますと、本学のサークル活動の特徴は、体育部のみならず文化部も学友会という一つの組織の中に組み込まれていることだそうです。一見、当たり前のようにも思えますが、他大学の多くでは体育系サークルのみが組織化され、文化系サークルは組織化されていないということでした。七大戦は体育系サークルのものとの固定概念を破り、本学の七大戦は文化系サークルも様々な形で参加しているものとなっています。上記の開会式やレセプションへの文化系サークルの参加もそうですし、例えば、今回の記念タオルに印刷された七大学の名前は、書道部部員による作品なのです。本学のこのような姿勢を、私は大変好ましいものと思っています。

最後に、七月一二日現在の成績を書いておきます。四二種目中一五種目が終わりました。本学の成績は、62ポイントを獲得して83ポイントの東大に次いで二位です。本学はこれまで七回主管を務めていますが、一度も主管破りをされたことがありません。一昨年、昨年と二連覇を受け、今回三連覇を目指しています。競技は九月下旬まで続きます。それぞれの競技で一つでも上の順位を目指してポイントを稼ぐことが三連覇への道です。皆さん、大いに頑張りましょう。

（二〇一五年七月二〇日）

5　留学生のサークル活動参加

学友会は、本学の課外活動サークルを束ねている組織です。この学友会に登録しているサークルの数は、加盟団体、準加盟団体、登録団体の三つのカテゴリがありますが、合わせますと約一七〇もあります。各サークルからは毎年継続届を出してもらっています。また、新規のサークル結成届も受け付けていますが、これらの届けには、部員名簿も添付してもらっています。これらの名簿から今年度は九三〇〇名の人たちがサークル活動を行っていることが分かります。ほとんどが学部生ですので、本学の学部生一万一〇〇〇名の85%もの人たちがサークルに加入していることになります。この比率は他大学に比べてかなり高いとのことです。

さて、この六月末のことです。高度教養教育・学生支援機構グローバルラーニングセンター所属のS先生から、相談があるので面会の時間を作ってほしいとのメールがありました。S先生とお会いしてみると、国際共修ゼミ（日本人学生と留学生がともに参加する課題解決型のゼミのこと）のメンバーが、留学生も本学の学友会に参加できるようにしてほしいとの要望書を準備しているとのことで、彼らと会う機会を作ってほしいとのお願いでした。

さて、S先生と留学生五名、そして日本人学生一名との面談は、七月三日（金）の昼休みに川内の理事室で行われました。ゼミ生の要望の骨子は、本学が真に国際化するためにも、半年から一年の短期留学生もサークル活動に参加できるように門戸を開放して欲しい、そうすることは日本人学生・留学生双方にとって国際交流や異文化理解の点でとても有益である、というものでした。私は全く異論ありませんので、七月末に年一回開催される学友会全学協議会で皆さんから直接要望したらどうですか、との提案をしました。実際七月三一日（金）の協議会に五名の留学生がオブザーバーとして参加し、この要望が披露されました。私は、留学生の声は出席していた学生や教職員に理解されたと思っています。

相撲部のウェブサイトを見ると、部員募集のところに「一年生は勿論のこと院生を含む二年生以上の方や留学生も大歓迎！　兼部も勿論ＯＫ！　相撲場にて有志を待つ！」とありました。相撲部は留学生も大歓迎のようです。実際、現在の相撲部にはモンゴルからの留学生がおり、大きな戦力なっていると聞いています。また、あるサークルの部員に話を聞いたところ、そのサークルも大歓迎とのこと。皆さんのサークルも、短期・長期を問わず留学生を温かく迎えてください。きっと何かが得られます。そう、そのためには英文によるサークルの宣伝も必要ですね。これも、是非、トライしてください。

（二〇一五年八月二〇日）

6　サークル活動における飲酒行事の点検を

サークル活動で、飲酒による不祥事がまた起こってしまいました。伝統も人気もあるサークルであるT部の、現役の学生だけが参加する交流会で、一・二年生が酒を飲みすぎ、一〇名もの学生が泥酔し、嘔吐したり、大声を上げるなどの迷惑行為を行ったりしたのです。泥酔者の中の二名は、意識も失っていたとのことでした。交流会が行われた建物のトイレなどの汚損は大変なもので、会場と料理、そしてお酒を提供した本学の生協にとって、大迷惑だったことは言うまでもありません。学生支援を所掌する私たちは、事件発覚後ただちにT部には無期限のサークル活動停止を伝え、この事件を振り返り猛省してもらうとともに、再発防止のための方策についてサークル全体として真摯に考えてもらうことにしました。

本学学生のサークル活動におけるこのような飲酒がらみの不祥事は、昨年度もありました。私たちは、このような事件が起こると全てのサークルに対して、このような事件を他山の石として部活動を見直してもらいたいとのメッセージを、様々な手段で送り続けました。また、学友会体育部長のN先生からも体育部常任委員会やサークルのリーダー研修会の席上で、このことについて指導をしていただきました。実はT部からも複数の常任委員を出しており、この注意喚起を聞いているはずなのですが、部全体で共有するまでに至らなかったことが、事件後の調査委員会の調べで分かりました。現在、部全体がこのような情報を共有するよう、周知徹底する方策を考えているところです。

他大学のことですが、三年前にサークルの飲酒で子供を亡くした両親が、今年に入り、二〇数名の当時の部員に対し、総額一億七〇〇〇万円の慰謝料を請求する訴訟を起こしたとの報道がありました。亡くなった学生に対してお酒の強要があり、かつ、泥酔したあと適切な措置を取ることなく長時間放置した、という過失があったというのです。今回は慰謝料を請求するという民事訴訟ですが、酒を強要したと思われる学生を刑事告訴してもおかしくないケースではないかと思います。

サークル内の親睦を図るため、お酒も用意して歓談する機会を設けることは、何らおかしなことではありません。しかし、そのような場では未成年者飲酒の禁止など守るべきルールがあること、お酒の強要はハラスメントであること、泥酔は死に至る危険な状態であることなど、きちんと理解しておくべきです。お酒は、日頃がんじがらめに思考や行動を抑制しているものを取り払い、自由な思考と発想、そして行動をもたらします。皆さん、サークルの行事の再点検をしてください。そしてお酒とも上手に付き合ってください。

（二〇一五年九月二〇日）

7　七大戦、三連覇成る！

本学が主管となった第五四回全国七大学総合体育大会（通称七大戦）は、昨年一二月のアイスホッケー競技から始まり、九月の卓球男子・女子で全四二種目の競技がすべてが終わりました。結果として、本学が一昨年、昨年に続く三連覇を成し遂げ、今回も「主管破り」を阻止することができました。

以下、今回の優勝に関する「トリヴィア」を書いておきましょう。まず三連覇ですが、過去東大が二回、京大が一回達成していました。今回、ここに仲間入りができたことになります。また、通算優勝回数は一二回となり、一位の一四回を誇る京大にまた一つ迫りました。なお、三位は東大の一〇回で、以下、阪大の七回、北大と九大の四回、名大の三回と続きます。本学は主管破りを今回も阻止しましたが、これは七大学の中では唯一の大学です。当たり前のことですが、今後六年間は主管破りをされていない唯一の大学であると主張できることになります。ちなみに、各大学の主管破られ回数を記しておきますと、一位が北大の五回、以下、名大と九大が四回、阪大が三回、東大と阪大が二回の、計二〇回です。一方、各大学の主管破り回数も記しておきますと、一位が京大の八回、以下、東大の六回、本学の四回、阪大の二回と続き、北大、名大、九大の三大学は主管破りをしたことはありません。

今回獲得した231ポイントも新記録でした。これまでの最高は、同じく本学の第三三回大会の225・5ポイントでしたが、これを5・5ポイントも上回ったことになります。今大会、本学は一〇の競技で優勝し、過去二回とは異なり、競技が始まって以来、ほぼ首位を独走するという安定した戦いでした。そのような状態でしたので、九月二六日（土）に行われた閉会式に出席された学士会の方が、今回は東北大学の独走でしたね、もう少し接戦だと面白かったのですが、と感想を述べておられました。

ソフトボール競技が雨天中止となったほかは順調に競技が行われました。大きな事故や怪我もなかったようです。競技に参加された七大学の皆さん、大会実行委員会の皆さん、そして陰で支えて下さった事務部の皆さん、また、日ごろ活動を指導して下さっている顧問の先生方とOB・OGの皆さん、学士会や大学生協の方々、大変お疲れ様でした。第五四回の戦いは終わりました。来年度は東大が主管となる第五五回大会です。私は、本学のサークル活動も「研究第一」の理念の下に行われているものと思っております。研究の中から築き上げられた現在の強さですので、本学は四連覇を達成するものと確信しているところです。

（二〇一五年一〇月二〇日）

8 防災訓練 —片平か川内か—

川内北キャンパスでは、一〇月二三日（金）のお昼に、恒例の防災訓練を行いました。このキャンパスでは、約五〇〇〇名の学生が全学教育を受け、部局としては国際文化研究科、東北アジア研究センター、情報教育基盤センター、高度教養教育・学生支援機構が、そして本学事務部の一つである教育・学生支援部があります。防災訓練は、直下型の地震で震度6の揺れがあったとの想定で、全員講義棟と厚生施設（大学生協）の間の広場に避難するものでした。館内放送で避難指示が出されると、学生や教職員は、続々と広場に集合しました。地震災害対策本部長の私は、訓練の最後に次のような挨拶をしました。

「本日は、防災訓練に参加してくださり有難うございます。一昨日、二一日の午後三時四分に、福島県沖を震源地としたマグニチュード（M）5・5の地震が起こりました。仙台は震度3という久しぶりに大きな揺れでしたので皆さんびっくりしたのではないでしょうか。この地震は、今からもう四年半前になる二〇一一年三月一一日（金）午後二時四六分に起こったM9・

0の超巨大地震である『東北地方太平洋沖地震』の余震とみなされています。地震学の知見からは、最大余震は本震のマグニチュードから1小さい程度の大きさであることが知られています。しかしながら、ご存知のように、M8・0クラスの余震がまだ起こっていないのです。皆さんは、今後M8・0クラスの大きな余震が起こりうる可能性があるとの想定の下で、日々の備えと行動をとるようにしてください。」

この日は、本学の本部事務部でも防災訓練が行われました。長町―利府断層を震源とする直下型地震により負傷者が続出し、建物等にも大きな被害が出て、ライフラインも途絶えたとの想定で、情報の収集や対応策の検討などを迅速に行うための訓練です。一三時半から一六時半までの三時間を約五〇分程度に縮め、次から次へと被害等の情報が伝えられ、それらに迅速かつ的確に対応することが求められました。片平本部で被災した私は、「学生対策班」の班長ですが、教育・学生支援部がある川内北キャンパスへは、大橋など広瀬川にかかるすべての橋が壊れたため行けなくなったとの想定です。したがって、二つのキャンパス間の情報交換は、衛星回線の電話とFAXを用いることになりました。

この回線は問い合わせなどで大変混雑し、川内と片平の情報交換がスムーズにいきませんでした。電話が川内と繋がったのは、五〇分間でたった二回だったのです。この訓練から得た結論は、たとえ広瀬川を泳ぐ羽目になっても、私は川内北キャンパスに詰めるというものです。さて実際はどうなりますでしょうか。

（二〇一五年一一月二〇日）

9　地元を何とかしたい！

一一月五日（木）の夕方、経済学部国際交流室が主催する『課題解決型（ＰＢＬ）を取り入れた海外派遣フィールドワークプログラム』夏期　～最終報告会～』が、川内南キャンパスの文系共通講義棟で開催されました。今回で三回目となる報告会です。私は学部長のＡ先生の招待により、一回目から出席しています。このＰＢＬ型授業科目では、自ら設定した課題に対し、様々な調査を通して解決の方策を考え、最終的にその企画書を提出することになります。目玉として、海外の協定校を二週間ほど訪問し、先方の学生との交流を通しての調査があります。今回は五名一チームとして九チームが作られ、交流先としてはタイ、マレーシア、香港の大学が選ばれ、それぞれ三チームずつ訪問しました。

私は、冒頭の挨拶と、最後の総評をするように頼まれました。冒頭の挨拶では、活動の途中で失敗なども多々あったのではないかと思うが、失敗から学ぶことも多いので、それらも赤裸々に出してほしいことや、発表を楽しんでほしいことなどを述べました。どのチームのプレゼンテーションも大変素晴らしく、成果を生き生きとそして堂々と発表していました。その中でメンバーは互いに信頼を寄せていることがよく分かりました。

総評ですが、四つのコメントを述べました。二つ目は、海外研修中、相手校学生との交流や協働作業のことがあまりプレゼンに出てこなかったのは残念だったというコメント。三つ目はアンケート調査で統計学的に有意なのかどうかを示さない班が多いので、きちんと出すべきとのコメント。四つ目は次のコメントです。課題解決の方策（企画書）が多くの企業に受け入れられ、今後の新たな展開が始まっていることを述べていたのですが、今日の発表が最後の活動と表現する班がありました。企業がその気になったのは企画書がとても良かったからで、それなのに活動を停止するのは無責任のような気がする、もっともそれは皆さんの責任ではなく経済学部の問題なのかもしれない、と述べました。

さて、一つ目のコメントのことです。それは、ほとんどの班が、仙台や宮城、そして東北地方の課題を取り上げていたことに感動したことです。本学は地元宮城県出身の人が15％、東北六県でも40％程度と、地元出身者が占める率がとても低い大学なのです。それにもかかわらず、地元が抱える悩みなどを取り上げて、どうしたら活性化出来るかを真剣に考えてくれました。東北大学で学んだことがきっかけで、この地域に目を向けてくれたのです。そう、まさに小田和正さんが贈ってくれた校友歌の最後の部分、「そしていつか杜の都　仙台は　ふるさとに　なって行く」、そのままだったのです。

（二〇一五年一二月二〇日）

10　今年の楽しみは…

二〇一六年の年が明けました。皆さんは今年をどういう年にしたいですか。年明け早々、皆さんは今年中にやりたいことの計画を立てたのではないでしょうか。こんなことを勉強してみたい、この資格を取るぞ、語学の検定試験でこの点数を取りたい、あそこへ旅行したい、海外へ留学するぞ、などなど。是非、それらの計画が実現するよう頑張ってください。大いに期待しています。

さて今回は、ほんの小さな私の今年の楽しみについて書いてみたいと思います。年明けの新聞各紙には、新聞社が主催するイベントの紹介がなされています。イベントは多岐にわたりますが、美術館などで絵を見ることが好きな私には、つい美術展などに目が向いてしまいます。毎日新聞社は、一月一六日から四月一〇日まで江戸東京博物館で、「レオナルド・ダ・ヴィンチ　天才の挑戦」を開催するとのことです。日本初公開となる絵画「糸巻きの聖母」をはじめとし、直筆のデッサン七点などが展示されるようです。一方、朝日新聞社は、一月一四日から三月三一日まで、東京アーツセンターギャラリーで「フェルメールとレンブラント：一七世紀オランダ黄金時代の巨匠たち展」を開催するとのことです。フェルメールの「水差しを持つ女」が展示されるとのことで、フェルメール大ファンの私は、東京へ行ったときは時間を作って絶対行くぞ、とウキウキ・ワクワクしているところです。

地元紙の河北新報は一月八日朝刊で、宮城県美術館で三大展覧会を開催することを報じていました。三月一九日から五月二九日までは、「レオナルド・ダ・ヴィンチと『アンギアーリの戦い』展」を開催するとのことです。大壁画制作過程をたどることがテーマで、ミケランジェロの壁画制作過程も同時に紹介されるようです。その他、地中海沿岸の歴史に触れる黄金伝説展や、神奈川県にある「ポーラ美術館」所蔵の印象派の絵画の展覧会も開催されるとのことです。これらの展覧会も楽しみですね。

以前、この欄のエッセイ「美術館や博物館のキャンパスメンバーズ制度」にも書きましたが、本学は宮城県美術館や仙台市博物館のキャンパスメンバーズ制度に参加しています。この制度の一番の特典として、常設展は無料で、企画展は半額で入場できることが挙げられます。美術館も博物館も川内キャンパスから目と鼻の先です。講義の合間など、時間に余裕ができたときは、どうぞ訪問してください。しばらくの時間、素晴らしい世界に浸ることができるでしょう。なお、訪問するときは、キャンパスメンバーズの特典を受けるために、学生証を忘れずに持参してください。

（二〇一六年一月二〇日）

11　学友会文化部・体育部合同表彰式

今月五日の金曜日の午後三時から、川内南キャンパスの萩ホールを会場に、今年度の学友会文化部・体育部の合同表彰式が開催されました。学友会文化部には石田杯と海野賞の二賞が、体育部には黒川杯、志村杯、鈴木賞、大谷賞の四賞があります。二〇一三年度までは文化部と体育部が別々に表彰式を行っていましたが、両部が協議し、昨年度から合同で開催することになったものです。また、今年度は、監督やコーチ等の指導者として学友会活動に貢献していただいている方に、学友会会長である総長から表彰状を贈り、その功績を讃えることとしました。

文化部二賞と体育部四賞の制定の由来や趣旨等は省略しますが、お名前がついている先生方は、いずれも学友会活動に貢献された本学の先生方です。今回の授賞式には、海野道郎先生（本学名誉教授）が出席され、直々に賞状とトロフィーを授与してくださいました。また、鈴木賞を制定した鈴木雅州先生は、昨年一一月二三日にお亡くなりになられたため、式では全員で黙祷を捧げました。私にとっては、昨年のこの会で先生とご一緒したのがお目にかかった最後の機会となりました。

今年度の各賞の受賞者や受賞団体を紹介します。文化部石田杯はアマチュア無線部に、海野賞は混声合唱団に授与されました。体育部黒川杯は女子ラクロス部、志村杯はオリエンテーリング部、鈴木賞は鳩原翔、小林隆嗣、塩越亮汰、小林丈晃の四名の皆さん、大谷賞は今年度の七大戦で優勝した一一の団体（準硬式野球部、軟式庭球部男子、男子バレーボール部、乗馬部、柔道部、スキー部、剣道部男子、空手道部男子、フェンシング部、相撲部）です。今年度は七大戦で総合優勝しただけあって一一団体と、例年以上の多さでした。また、指導者表彰は、乗馬部など五団体に指導してくださっている一八名の方に授与されました。長年のご貢献に感謝申し上げます。

表彰式の準備、そして当日の進行は、すべて学友会常任委員会の皆さんが仕切ってくれました。授賞式は厳かに滞りなく行われ、大変素晴らしかったと思います。また、その後のレセプションも、賑やかで大変良かったと思います。ただ一つ、私にとって残念なことがありました。それは、受賞者や受賞団体は表彰式とレセプションに参加したのですが、受賞しなかった団体からの参加者がほとんどいなかったことです。表彰式が行われた萩ホールはやたら空席だけが目立ち、閑散としていました。たとえ受賞しない団体でも受賞した団体の受賞を共に喜んでほしいと、私は思います。皆さんどうですか、参加を促す、何かいいアイデアでもありませんか。

（二〇一六年二月二〇日）

12　短時間の発表ほど周到な準備を

外山滋比古さんは著書『ユーモアのレッスン』（中公新書、2003）の中で、アメリカ第二八代大統領のT・W・ウィルソン（1856-1924）は、「二時間の講演なら、いますぐにでも始められるが、三〇分の話だと、そうはいかない、二時間くらい用意の時間がほしい。三分間のスピーチなら、すくなくとも一晩は準備にかかる」と話したことを紹介しています。ウィルソン大統領はプリンストン大学の総長も務めた政治学者で、国際連盟の創立に尽力し、ノーベル平和賞を受賞された方です。アメリカでは、最も演説が上手な大統領と評価されているようです。

さて、今月の一・二日（火・水）、本学国際高等研究教育院（以下、教育院）の博士院生の研究成果発表会が開催されました。二八名の修了生が、一〇分の発表と一〇分の質疑応答という二〇分のもち時間で成果を紹介しました。今年度の二八名の博士院生は、一一の研究科から出ています。短い時間での発表に加え、違う分野の聴衆も多いという、さらに難しい条件が加わった発表会です。私は、二日目の最後のセッションから参加しましたが、院生の皆さんはそれぞれ工夫を凝らした発表を行って、とても良かったと思います。博士論文の紹介ですが、全貌ではなく重要な部分に焦点を当てていましたし、難しい概念を平易な言葉で説明していました。会場には、学際科学フロンティア研究所の助教の方も来ており、鋭い質問を飛ばしていました。

発表会の後、全体交流会（懇親会）が開催されました。最初に挨拶するよう頼まれていましたので、上記のウィルソン大統領の言葉を引用して、短いうえに異なる分野の人たちに理解してもらうのだから、準備には時間がかかったと思う、各人、工夫がなされとても素晴らしい発表であった、と述べました。そして、このような準備は今後もとても大事で、教育院で得た学際的な知識や考え方を活かして、今後皆さんのキャリアを積んでほしい、とも話しました。

教育院は「アカデミア（大学や研究所などで学問の発展のために研究や教育に従事する人たちのこと）の育成」を目的とした、バーチャルな組織です。ここでバーチャルというのは、建物があってそこにいつも学生が集っているような実体のある組織ではないからです。

全学の修士課程二年以上の大学院学生から、一学年あたり三〇名程度の学生が選ばれて教育院生となります。自分の所属する大学院の教育の他に教育院のカリキュラムがありますので学習も研究も大変ですが、経済支援や研究費の支援もあります。皆さん、大学院生になったら、教育院へ入ることも是非考えてください。

（二〇一六年三月二〇日）

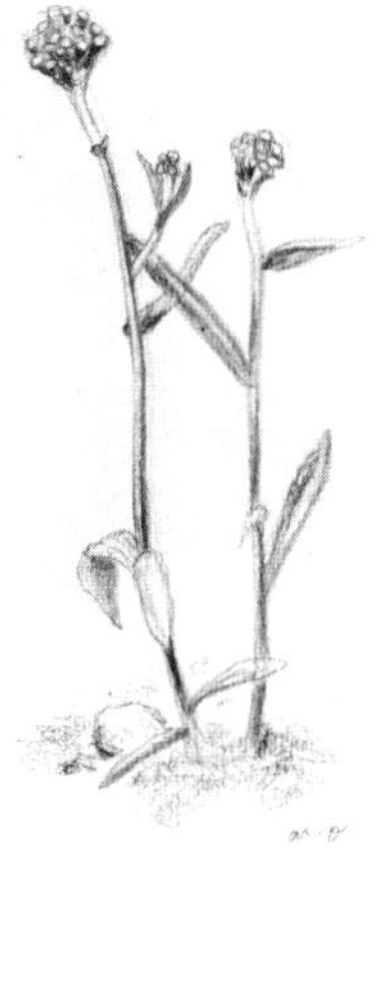

13　読書を人生の伴侶に

今月六日（水）、仙台市体育館で本学の入学式が挙行されました。会場は新入生の皆さんと大勢のご家族の皆さんとで溢れんばかりでした。やや緊張している皆さんの顔とは対照的な、満面に笑みをたたえるご家族の皆さんの顔が印象的でした。式は厳かな雰囲気の中、「総長お祝いの言葉」、「新入生あいさつ」と続き、最後に混声合唱団により学生歌「青葉もゆるこのみちのく」が披露されました。入学式の後は「東北大学オリエンテーション」が行われ、本学の教育とキャンパスライフについて、教養教育と学生支援を担当する二人の総長特別補佐の先生から話がありました。

オリエンテーションの最後は本学同窓生による記念講演です。今年度は、本学工学部・工学研究科出身で、国立研究開発法人産業技術総合研究所理事長の中鉢良治氏に行っていただきました。講演題名は「私が捕まった本」です。高校時代の読書、大学に入ってからの読書、職に就いてからの読書など、それぞれの時代にのめりこんだ作家たちである夏目漱石、井上ひさし、司馬遼太郎、野中郁次郎、河合隼雄さんらの代表的な本である『吾輩は猫である』、『青葉繁れる』と『吉里吉里人』、『街道をゆく』、『3Mの挑戦』、『日本人の心』などを紹介されました。この講演はとても素晴らしく、私は感動しましたし、会場にいたすべての皆さんもそうだったのではないでしょうか。

講演の中で中鉢さんは、ご自身の読書の仕方も紹介されました。例えば、気にいった文章をページを付して大学ノートに書き写すことをずっと続けているとのことです。今では奥様も行っており、時には互いのノートを交換しているようです。中鉢さんの読書は、作家にのめりこむタイプとのこと。これは私も同じで、お気に入りの本に出会うと、その作家の本を全部読まないと気が済まなくなってしまいます。このような読書が習慣となったことには、大学浪人を経験したことや、大学入学後は、当時ストライキが多く講義が無い状態で、仲間たちと本を読んでは議論したり、理論武装を図ったりすることの繰り返しだったことが挙げられるようです。

最後に、中鉢さんから事前に頂いた原稿である「新入生の皆さんへのメッセージ」から引用します。「人が一生に読める本は限られています。若いころはいくらでも読めたものが、歳を重ねるにつれて困難になっています。効率よく読書をするためには自分に合った本を慎重に選ぶことが大切です。皆さんが一冊でも良書に出会えたなら、皆さんの人生はより充実したものになるはずです」。皆さん、読書を人生の伴侶にしてください。

（二〇一六年四月二〇日）

14　書く力を身につけるためには…

読売新聞は、毎年大学に関する特集記事を組んでいます。各大学の学生の動向に関する基礎的な数値資料を収集し、それらの一覧を紙面に掲載して高校生に大学選びの参考にしてもらうのが目的のようです。このため、読売新聞は毎年大学にアンケート調査を行っています。多数のアンケート項目の中には、毎年テーマを決めて取るものもあります。今年は次のようなものがありました。「貴学の学生に、『書く力（文章表現力）』を身につけさせるためには、何が重要だとお考えですか。高校生に分かりやすく、20文字以内で書いてください」。

さて、これに本学がどう答えるかですが、「参考となるような文章の例をいただけませんか」という依頼が私にありました。そこで、日頃私をサポートしてくださっている先生方に、皆さんのお考えもお聞かせくださいとのお願いをしました。これは、このアンケートの回答を準備するときに毎年行っていることです。以下、先生方からの回答を示しましょう。「読む、書いてみる、意見を求める、直す」。「大陸哲学と分析哲学の書を等しい重みで読む」。「書を読む楽しさと、文章で語る喜びを知る」。「優れた判例となりうる文章を暗記させること」。そして、私も次のような二つを考えてみました。「書に親しみ、その感動を書いて人に伝える」と「書に親しみ、人に語り、書いて伝える」です。

皆さんお気づきのように、なんと私を含む全員が、本を読むことが、ひいては書く力すなわち文章表現力を身につけるための一番大事な要素であると考えているのです。前回のこの欄の「読書を人生の伴侶に」でも、今年度の入学式後に行ったオリエンテーションにおける講演を紹介する中から、読書をすることとの大切さを述べました。今回も繰り返しになりますが、読書はとても重要で、あらゆる意味で皆さんを皆さんらしく作ってくれるものです。皆さん、どうか日常的に本をひも解いてください。

山形県南部の米沢市の隣の川西町は、二〇一〇年に亡くなられた作家・劇作家の井上ひさしさんの故郷です。井上さんは一九九四年に、蔵書の一部七万冊（！）を町に寄贈しました。それらは「遅筆堂文庫」として公開され、貸し出しもされています。井上さんは生涯で二〇万冊の本を購入したと言われています。もちろんすべての本を隅から隅まで読んだわけではないでしょうが、それにしても凄い冊数です。私はつい最近になって遅筆堂文庫を訪れましたが、圧倒的な読書が土台にあって、井上さんの多様で多彩な小説、戯曲、そしてエッセイが生まれたのだと、納得してしまいました。

（二〇一六年五月二〇日）

15　偉大な心を三分で…

一九八九年、長い間ドイツのベルリン市を東西に隔てていた通称「ベルリンの壁」が崩壊しました。この崩壊から二〇年後の二〇〇九年、ドイツにFalling Walls Foundationが設立されました。この財団は、人類の幸福と発展を阻害している世界中にある壁を打破することを目的として活動をしています。活動の一つが、「Falling Walls Lab」と呼ばれる弁論大会です。三分間（二分三〇秒の発表と三〇秒の質疑）という短い時間で、自身の研究を英語でプレゼンテーションするのです。この弁論大会のキャッチコピーがあります。英語では「GREAT MINDS, 3 MINUTES, 1 DAY」です。本学ではこれを、「偉大な心を三分で未来を拓く熱い一日」と訳しました。

弁論大会の本選は、ベルリンの壁が崩壊した日の前日である一一月八日に、ベルリンで行われます。本選には一〇〇名が参加できますが、世界各地での予選を勝ち上がらなければなりません。本学は三年前から東アジア地区で唯一の予選を行ってきました。上位三名が本選に進めることになっています。もちろん、旅費や滞在費などはすべて財団から支給されることになっています。今年からこの大会の応募資格に変更がありました。学生またはポスドク（博士研究員）として大学に籍をもっている方々で、かつ、今年一月現在で一八歳以上で、学士学位取得から七年未満、修士学位取得から一〇年未満、博士学位取得から五年未満の方々です。複雑な条件があるように見えますが、大学にいる若い方は全員が応募資格をもっていると理解してください。

さて、この世の中には多くの「壁」が存在しています。壁とは解決すべき課題のことです。私たちが大学で学んで得た力を発揮することは、必然的にこれらの課題を解決に導くことに資することです。すなわち、私たちが行っている研究のすべてが、大小さまざまな壁を壊すことを目的としていると表現しても良いでしょう。自分が今研究していることや考えていることが、どのような壁をどのようにして壊し、その結果社会をどう変えるのか、三分で分かりやすく周囲の人へ伝えるのがこの弁論大会です。

皆さん、予選である「Falling Walls Lab Sendai」にぜひチャレンジしてください。インターネットで申し込みができます。申し込み期限は今月三〇日（木）です。予選は、九月九日（金）に本学片平キャンパスの「知の館」で行われます。ここで上位三名に選ばれますと、本選までの間に何度も英語プレゼンテーションの特訓があります。旅費や滞在費は支給されますので心配はありません。皆さん、果敢にチャレンジしようではありませんか。きっと、一生役に立つ、かけがえのない体験となることでしょう。

（二〇一六年六月二〇日）

16 盗用と語学力

今月九日（土）の午後、川内キャンパスの講義棟Aの教室で、高度教養教育・学生支援機構が主催するセミナー「発表倫理を考える」が開催されました。本機構は文部科学省から教育関係共同利用拠点に認定されていますが、この拠点が提供するプログラムのセミナーです。参加者は四〇名ほどでしたが、遠く京都から来られた方もおられました。また、大学院生も数名が参加してくれました。

セミナーでは、『科学者の不正行為―捏造・偽造・盗用―』（丸善、2002）や『科学者の発表倫理』（丸善、2013）を上梓されている愛知淑徳大学の山崎茂明先生が、「発表倫理を考える」と題する基調講演を行いました。続いて本学の大隅典子先生が「生命科学における発表倫理」を、機構の羽田貴史先生が「人文社会科学における発表倫理―私的経験から―」を、さらに東北学院大学の吉村富美子先生が「言語学習から盗用を考える」を、それぞれ講演されました。最後に本学金属材料研究所の佐々木孝彦先生がファシリテーターとなり、講演者四名をパネリストとするパネルディスカッションが行われました。講演もパネルディスカッションも大変盛り上がり、本セミナーは大成功だったと思います。このセミナーの内容は、本としてまとめられることになっています。また、録画もされており、後日機構のウェブサイトにアップされる予定です。

さて、研究倫理の中心を占めるのが発表倫理です。研究不正については、とても残念なことですが、日本は最悪国の一つで、二年前のＳＴＡＰ細胞事件をはじめ枚挙にいとまがありません。

研究不正の防止は、予防策としての倫理教育と、不正を行った研究者への厳正なる対処（厳罰）の双方の側面が必要です。さらに、どうして不正に至るのかの分析も必要です。もし、研究システムの中に、不正を誘発するような要因がある場合、それらを除かなければなりません。

「語学力の無さが盗用を生むのではないか」との指摘を行った吉村先生の講演を紹介しましょう。アメリカ研究公正局（ＯＲＩ）は、盗用をしないために「他人の文章を言い換えたり要約する時には、原文の著者の考えや事実の正確な意味を自分の言葉と文構造を使って再生しなければならない」としています。そのためには、他人が書いたものを十分に理解し、原文を見ないで書く、抽象化のレベルや表現を変えるなどの試みが必要です。他人の文章を理解（＝情報の解凍：unpacking）し、自分の言葉で書く（＝凝縮：repacking）ためには、何よりも言語力・語学力が不可欠で、倫理教育に加えてこれらの学習が大切である、と先生は主張しました。この指摘、私は大変説得力があるものと思います。

（二〇一六年七月二〇日）

17　大学改革と教養

今年の教養教育院総長特命教授合同講義は、七月一四日（木）の五講時目に、一八時半まで時間を延長して行われました。表題はそのテーマで、「人文系はいらないのか？」が副題として付けられました。昨年の六月八日に当時の下村文部科学大臣が出した通知「国立大学法人等の組織及び業務全般の見直しについて」に端を発し、大きな議論が巻き起こりました。メディアを含め総じて文系学問擁護の論調でしたが、改めてこれを問い直そうとしたのが今回の合同講義です。総長特命教授の野家啓一、宮岡礼子、山口隆美の各先生がお一人一五分のもち時間で話題提供し、その後、やはり総長特命教授である吉野博、座小田豊、米倉等、高木泉の各先生を加えた七名が壇上に登り、討論を行いました。司会は、同じく総長特命教授の工藤昭彦先生です。

野家先生の講演は「人文系のための弁明（アポロギア）」と題するもので、弁明とは「自らの立場をはっきりと述べ、事理を明らかにすること」であるとし、「人文知は、役に立つとはいかなることかを根本に立ち戻って問い直す学問」であり、「人文知と科学知の棲み分けが必要」である、と論じました。宮岡先生の講演は、「ダイバーシティとバリアフリーを目指して」と題するもので、左脳を働かせる理系は事物を認識する役割を担い、右脳を働かせる文系は価値を問う役割を担う、そして、今の時代文系は理系学問を、理系は文系学問を学ぶ教養教育が重要であると論じました。そして、とりあえずは「本を読もう、映画を見よう、体を動かそう、勉強しよう」と提言しました。

山口先生の講演は、「教養は死活的に重要である―シンギュラリティを超えるために―」と題するもので、二〇四五年にはＡＩ（人工知能）が人間の能力に勝るというシンギュラリティを乗り越えるために、大学と個人が行うべき事柄を取り上げ、「想像（＝創造）力が人類の最後のよりどころである」とまとめました。三名の先生方の講演すべてで、文系学問の意味は「価値を問い直すこと」にあるとし、現在こそ高等教育で文系学問を教養教育として提供することが重要であると指摘されました。

今回の合同講義には約八〇名の参加者がありましたが、ここ数年の中では参加者が少なく、せっかくの機会なのにもったいないなと感じました。その中で、総長特命教授ＯＢの先生お二人が参加されていたことは印象的でした。さて、これまでもそうでしたが、今回の内容は後日冊子になって発行され、さらに、教養教育院のウェブサイトにも掲載されます。参加できなかった方で興味がある方は、ぜひこれらをご覧になってください。そして、来年こそは出席しての参加に期待しています。

（二〇一六年八月二〇日）

18　Windnauts、二連覇ならず

今では夏の風物詩の一つと言ってもいいかもしれません、今年も三九回目となる「鳥人間コンテスト２０１６」が開催されました。琵琶湖を会場として、七月下旬の土曜日と日曜日の二日間で行われています。本学はここ一〇年間で、人力プロペラ機ディスタンス部門で五回優勝していますので、強豪校とみなされています。今年の大会は二連覇がかかっていました。このコンテストの様子を伝えるテレビ番組が、八月三一日（水）の夜に放映されました。この日の新聞朝刊のテレビ番組紹介欄に、各紙がこの番組を取り上げており、人気のほどがうかがえます。複数の新聞では注目校として本学の名前を挙げていました。コンテストは、滑空機部門、人力プロペラ機タイムトライアル部門、同ディスタンス部門の三部門からなります。花形はディスタンス部門ですので、東北大学「Windnauts」のフライトは最後となります。最近のライバル校は、東京工業大学と日本大学ですが、今年は東京工業大学のエントリーはありませんでした。

この部門の二番目に飛んだ日大の飛行距離は二万

一四一五・五三メートルでした。二〇キロメートル地点で旋回して戻ることができるルールですが、旋回はパイロットの体力を消耗させるようです。旋回に成功しましたが、直後に力が尽きたようでした。しかし、これが今年の最長飛行距離でした。番組では、このフライト直前に、本学のパイロットのA君が「まだそんなに強い風吹いていないので、いい記録が出ると思います」とコメントしていましたが、実はまさにこの風が曲者だったのです。

毎年感じるのですが、本学の機体の美しさは抜きんでています。とりわけ飛んでいるときの両翼のしなり具合は、とてもきれいで感心します。さて、本学のフライトのことです。当初はとても順調な滑り出しで飛び続けました。ところが、一五キロメートルを過ぎて一八キロメートル付近でしょうか、向かい風のため前に進まなくなったのです。羽鳥アナウンサーが、「止まっています！」と絶叫する有りさまです。五分間ほど、まったく前に進まなかったとのことでした。結局、飛行時間は日大よりも長いものでしたが距離は足りませんでした。本学は一万九六六九・五六メートルですので、日大との差は一七四五・九七メートルです。

本学のパイロットA君の頑張りは本当にたいしたものです。何度も着水しそうになりましたが。その都度機体は再び上昇していきました。部員の期待を背負い、一年間のハードなトレーニングの成果をA君はこのフライトで存分に出しきれたのではないでしょうか。私も含め多くの東北大学の関係者、そして番組を見た多くの人は、A君の姿に感動したことでしょう。

（二〇一六年九月二〇日）

19　みんなのトイレ

最近、頻繁に「LGBT」という言葉を聞くようになりました。LGBTとは、女性同性愛者（Lesbian）、男性同性愛者（Gay）、両性愛者（Bisexual）、性同一性障害者（Transgender）を表す英単語の頭文字を並べたものです。まとめて性的少数者（sexual minority）と呼ぶこともあります。今年、電通が大規模に調査しましたが、7〜8％の人が該当するとのことです。過去の調査でも同じ数字でしたので、この比率は確からしいようです。

さて昨年、ある学部のアクティブ・ラーニング授業科目の一つである課題解決（PBL）型授業科目で、学生グループによりLGBT「問題」が取り上げられました。そして、本学は積極的にLGBTの方への支援をしていないのではないかとの問題提起がなされました。さらに、今年に入り、毎年「国際祭り」を開催している東北大学留学生協会（TUFSA）から、LGBTの人たちに配慮したトイレを準備してほしいとの要請がありました。国際祭りには五〇〇〇人以上もの参加者があるので、トイレに関して配慮すべき人もいるからというものです。

LGBTの中でも性同一性障害の方は、体の性と心の性が不一致なので、外に出たときはトイレが一番困るとのことでした。アメリカでも、連邦政府は心の性のトイレを使うようにと、州政府は体の性のトイレを使うようにと、考え方が分かれ、裁判にまでなっている例があるとのことでした。さて先の要請がありましたので、川内北キャンパスでは、「多目的トイレ」とされているトイレを、空いているときは誰でも自由に使える「みんなのトイレ」として使ってもらうことにしました。このトイレは、現在身障者のマークのみが付けられています。障害者専用のトイレと勘違い（誤解）されていますので、緑色の文字で「みんなのトイレ」と書いて、男性・女性・身障者等を表すマークも入れました。この掲示をしてから数か月が過ぎましたが、この間、どれだけの方に使ってもらったでしょうか。前よりも使い勝手が良ければいいのですが。

本学は建学以来、「門戸開放」を謳ってきました。実際、建学当初、他の国立（当時は帝国）大学に先駆けて、女子学生、留学生、専門高等学校卒業生に対して入学を許可してきました。それでは、現在も門戸開放を理念として掲げる意味はなんでしょうか。私は、LGBTの人たちも含めて健常者も障害者も誰にとっても、本学が安心して安全にかつ快適に学びやすく、働きやすい環境を整備し提供することを宣言している、と考えたいと思います。例えば施設であれば、バリアーフリーはもちろんユニバーサルデザインの考え方の下に、整備しなくてはならないでしょう。

（二〇一六年一〇月二〇日）

20　自転車はマナーを守って

今年に入り、本学学生の自転車やバイクの事故が昨年を上回るペースで起きています。一昨年が過去最多でしたが、同じようなペースで起きているのです。つい最近のことです。夜川内キャンパスから車で帰宅する途中で、脇の歩道を走っていた自転車が、歩道に凹凸があったのでしょうか、転倒した場面を目撃しました。学生はすぐに立ち上がり、しばらく手をさすっていましたが、自転車を起こして再び走り去ったので、幸い大きな怪我はなかったようです。

さて、昨年の六月一日に道路交通法が改正されたのはご存知ですか。自転車が原因の事故が多発していたための改正です。違反行為が厳格化され、罰則規定も設けられました。違反行為は、①信号無視、②通行禁止違反、③歩道における徐行等の義務違反、④通行区分違反、⑤路側帯通行時の歩行者の通行妨害、⑥遮断踏切への立入り、⑦交差点での安全進行義務違反等、⑧交差点での優先車妨害等、⑨環状交差点での安全進行義務違反等、⑩指定場所での一時不停止等、⑪歩道通行時の通行方法違反、⑫ブレーキ不良自転車運転、

⑬酒酔い運転、⑭安全運転義務違反の一四項目です。これらの違反行為により三年間で二回摘発されると、安全講習（受講料は五七〇〇円）を受けなければなりません。受講しないと裁判所から呼び出しがあり、五万円以下の罰金が科せられます。

以上のような背景もあり、仙台中央警察署は本学に対し、ここ数年、三か月ごとに「自転車レッドカード交付状況」を通知しています。自転車レッドカードとは、「自転車利用者にその責任の自覚を促し、交通ルールの遵守、マナーの向上を呼びかけることを目的としたもの」です。今年の七月から九月までの三か月間の交付件数は、一八八件でした。内訳は、ヘッドホン使用等が六一件、無灯火が五九件とダントツに多く、以下携帯電話等の使用が一九件、歩行者に危険を及ぼす行為が一六件と続きます。この件数は、先に述べた悪質な違反行為で「摘発」されたものではありませんが、それにしても多いですね。また、これは仙台中央警察署独自の取り組みであって、市内にある他の四つの警察署の件数は入っていません。加えれば、さらに多いことは間違いありませんね。

自転車は便利な移動手段ですが、二輪車なので転倒しやすいものです。そして、自転車は他人をも巻き込む「凶器」に、すぐになってしまいます。これから冬に向かいます。暗くなるのがとても早くなりますし、雪が降ることもあります。自転車を利用している皆さんは、くれぐれもマナーを守って、慎重な運転を心がけてください。

（二〇一六年一一月二〇日）

21　川内運動場の人工芝化

春から工事していた川内北キャンパス運動場の人工芝化が完了し、今月半ばより使用が可能となりました。七大戦を競う大学の中では、本学のみが人工芝グランドを所有していないこともあり、皆さんからは随分前から要望されていたのですが、整備費の確保などのこともあり、これまで延び延びとなっていたものです。西側の一段小高い体育館脇のところから見ますと、北側の一面が青い人工芝で覆われており、灰色の地面がむき出しだった以前の光景とは違った趣です。

本学は、教育や課外活動、および厚生に関する施設について、二〇〇八年度より五年を一期とする単位で、改修整備や新設などを総合的に計画し、予めその分の経費を確保してきました。この経費を「全学的教育・厚生施設整備経費」と呼んでいます。今年度は第二期の四年目に当たり、評定河原運動場の全天候型トラックへの改修や、川内北キャンパスの野球・ソフトボール用グランドの土壌改良・排水施設の整備も併せて行ってきました。なお、体育館の南側に建設した四階建ての川内ホールも四月に竣工し、この夏から供用されていますが、これは上記の経費とは別に、東日本大震災後の二〇一一年度に別途予算化されていたものです。資材の高騰や埋蔵文化財調査の順番などの諸事情が重なり、計画から五年を経てようやく実現することができたものです。

皆さん、整備されたこれらの施設で、思う存分練習に励んでください。そして得た力を、七大戦をはじめとするいろいろな競技大会で大いに発揮してください。皆さんの活躍は、本学に働く教職員の励みにもなります。言うまでもないことですが、本学はスポーツ推薦枠での入学者はおりません。そんな中での全国的活躍は特筆ものです。これまで何度も書いてきましたが、課外活動も「研究する心、科学する心」をもって臨んでください。今年度、アメリカンフットボール全日本大学選手権で、連続して本学のホーネッツが東日本大会決勝に進み、私大の雄である早稲田大学と甲子園ボウル進出を争ったのは、まさにこのような立場での激しい練習が実ったものと信じています。

ところで、川内キャンパスの人工芝グランドは、アメリカンフットボール、サッカー、ラグビー、ラクロス、七人制ラグビーなどの様々な競技に対応できる仕様となっているとのことです。それだからでしょうか、体育館脇から人工芝グランドを一望しますと、本当に多くの色つきの線が縦に横に引かれています。使用している皆さんは、どの線がどの線であるのかお分かりなのでしょうか。皆さん、くれぐれも競技の最中、勘違いしないようにしてくださいね。(えー、そんなことはあり得ない、余計な心配ですって!)

(二〇一六年一二月二〇日)

22 今年の美術展・博物展

川内キャンパスは、宮城県美術館や仙台市博物館へのアクセスがとっても便利です。そのようなこともあり、昨年私は、宮城県美術館に四回行きました。「古代地中海世界の秘宝『黄金伝説展』」(一月二二日〜三月六日)、「レオナルド・ダ・ヴィンチとアンギアーリの戦い展―日本初公開『タヴォラドーリア』の謎」(三月一九日〜五月二九日)、「誕生五〇周年記念『ぐりとぐら展』」(七月一六日〜九月四日)、「ポーラ美術館コレクション『モネからピカソ、シャガールへ』」(九月一七日〜一一月一三日)です。土曜日の午後、川内北キャンパスの私のオフィスで過ごした後に、思い立ってふらりと立ち寄ったものです。

毎年のことですが、各新聞社は年明け早々、その年に主催するイベントを紹介する記事を掲載します。美術展や博物展は、これらのイベントの中でも大きな比重を占めているようです。私は美術展や博物展に行くのが大好きなので、これらの記事を見るのが楽しみです。これとこれは絶対に、これとこれはタイミングが合えば行ってみようなどと、思いを巡らします。

さて、宮城県美術館の今年の最初の企画展は、河北新報創刊一二〇周年記念およびTBC東北放送開局六五周年記念の「ルノワール展」です。一月一四日(土)から四月一六日(日)まで開催されます。ウェブサイトでは、「本展覧会では、ルノワールがその才能と絵画の革命を一気に花開かせたいわゆる『第一回印象派展』出品の代表作、《バレリーナ》(ワシントン・ナショナル・ギャラリー蔵)をはじめ、初期の印象派展の時代から、後期の無邪気にたわむれる明るい裸婦像まで、国内外の作品を展示し、ルノワールの魅力をあますところなくご紹介します」とありました。いっぽう仙台市博物館は、昨年一二月二八日(水)から三月三一日(金)まで、館内の設備改修のため全館休館となっているようです。同館のツイッターに、今年二〇一七年は伊達政宗の生誕四五〇周年にあたるとのことで、これを記念する展覧会を開催することが述べられていました。

以前にもこの欄で紹介しましたが、本学は宮城県美術館と仙台市博物館双方の「キャンパスメンバーズ制度」に加盟しています。この制度は、大学が毎年一定額を支払うことで、常設展の入場料が無料に、上記のような企画展の入場料が半額になる等の特典が得られるものです。加盟額からおおざっぱに計算しますと、毎年本学関係者がそれぞれの施設を八〇〇回利用すれば、元が取れることになります。宮城県美術館も、仙台市博物館も川内キャンパスから歩いてすぐの立地です。皆さん、お昼休みの時間や講義の合間に利用されては如何ですか。

(二〇一七年一月二〇日)

23　皆さんも東北大学ＭＯＯＣの受講を

皆さんはＭＯＯＣ（「ムーク」と発音）という言葉を聞いたことはありませんか。Massive Open On-line Course の頭文字をつなげた言葉で、日本語では「大規模公開オンライン講座」と訳されます。昨年一二月二四日（土）と先月二一日（土）の朝日新聞朝刊の社会面に、本学がＭＯＯＣに参画したことの広告が掲載されました。本学は一昨年、ＭＯＯＣへの参入についてタスクフォースを設置して議論し、今年度から参加することにしたのです。そして昨年四月に「東北大学オープンオンライン教育開発推進センター」を設置して、講座開設の準備をしてきました。

　ＭＯＯＣで開講する授業は、一〇分程度に区切られた映像を九つ（計約九〇分）合わせて一セット（一週）とし、これを四セット（四週）つなげて一つの講座とします。受講者は途中で、理解の達成度を測るためのテスト（あるいはクイズ）を受けることになります。受講後には、レポートを提出します。そして一定の成績を修めた受講者には、本学の総長と講座担当者の署名が入った修了証書が授与されます。本学はこの講座を配信するプラットフォームとして、Ｊ―ＭＯＯＣに加盟しているＮＴＴドコモ系列の「ｇａｃｃｏ（がっこ）」を選びました。

　他大学がこれまで開講した授業科目を見ますと、テーマに一貫性がなく、バラバラと開講されているとの印象を私は受けました。そこで本学は、開講する講座を、受講者のターゲットを明確にしてシリーズ化することとしました。それらは、日本語で行う「東北大学サイエンスシリーズ」と「東北大学で学ぶ高度教養シリーズ」、そして英語で行う「東北大学最先端研究シリーズ」です。もちろんどのシリーズも誰でも受講できますが、主に対象としているのは、それぞれ高校生、一般の市民、海外の大学生や大学院生です。本学は、今年度はサイエンスシリーズと高度教養シリーズにそれぞれ一つの講座を開講することとしました。前者が「解明：オーロラの謎」（講師：理学研究科・小原隆博教授）で、後者が「memento mori―死を想え―」（文学研究科・鈴木岩弓教授）です。

　二つの講座はどちらも二月一日に開講されました。開講時の受講者は前者が約二〇〇〇名、後者が約三〇〇〇名です。二月と三月の二か月間、開講されます。さらに多くの受講者があるのではと期待しているところです。皆さんもチャレンジしてみませんか。手続きはまったく簡単です。検索エンジンを用いて「ｇａｃｃｏ」に入ってください。次にユーザー名とパスワードを決め、利用の登録をします。あとは受講したいコンテンツを選ぶだけです。一回の映像が一〇分やそこらですので、ちょっとした時間を見つければ学ぶことができます。レッツ・トライ！

（二〇一七年二月二〇日）

24　全学教育にクォーター制導入

本学は現在、一年を半年ずつの二期に分けて一五回の授業と試験を行うセメスター（semester）制の学事歴を採用していますが、二〇一七年度からは全学教育を中心に、クォーター（quarter）制の学事歴を導入することにしました。セメスターをさらに二つの期間に分けて、正味八週間の授業期間とするのがクォーター制です。これに伴い、多くの授業科目が週に二回行う「クォーター科目」となります。一昨年から、学内にプロジェクトチームを設置して議論し、昨年三月に今年の四月より全学教育にクォーター制を導入することを正式に決めたのです。

クォーター制の導入の一番の目的は、皆さんがより能動的にかつ深く学習できる環境を整備することです。私たちの調査によると、皆さんは第一セメスターで平均一四～一五科目を、第二セメスターで一一～一二科目を履修登録しているようです。すなわち、一日当たり二～三科目を受講していることになります。講義形式の授業では、授業時間の二倍を予習や復習にあてることが求められています。教員にもそのような授業設計をすることが求められているのです。しかし、こうもたくさんの授業科目をとらなければならないと、皆さんも教員もなかなかそうはできませんね。実際、皆さんへのアンケート調査でも学習時間の確保が十分であるとは言えないようです。クォーター制になると週当たりの履修科目数が大幅に減りますから、皆さんが集中して深く学習できる環境が整備されることになります。

　クォーター制にする二つ目の目的は、留学を現在よりもしやすくすることです。現行のセメスター制では、セメスターの途中で留学に行く場合や留学から帰る場合、そのセメスターの単位を取得できないというリスクがあります。したがって、留年する可能性が大ですので、留学を思いとどまる人が多いのが現状です。クォーター制では、単位を取得するための授業期間が半分と短くなりますので、文字通り、留年のリスクは半減することになります。クォーター制の導入は、皆さんにとって今まで以上に留学しやすい環境を整備することなのです。皆さん大いに留学を考えてみてください。

　クォーター制導入が皆さんにもたらすメリットは上記のようなものですので、この整備される環境を大いに活用してください。繰り返しですが、週当たり少ない授業科目とすることで、ただ「授業に出るだけの学習」から脱皮し、皆さん自らが能動的に深く学習してください。くれぐれも、あれもこれもと多くの授業科目を履修しようとしないでください。これはクォーター制導入の趣旨に反することです。

（二〇一七年三月二〇日）

25 学問にとって「役に立つ」とはいかなることか

今月一〇日(月)の午後、川内萩ホールで表題をテーマとする「東北大学教養教育特別セミナー」が開催されました。学務審議会と教養教育院共催の新入生向けセミナーです。教養教育院とは、高度教養教育・学生支援機構の中の一組織で、本学名誉教授である総長特命教授の先生方九名と、現役の特任教員(教養教育)の先生方四名が所属しています。このセミナーは二〇一一年から毎年行っており、今回で七回目となります。参加者も次第に増え、今回は、定員一二三五名の川内萩ホールに一〇一六名の参加者でした。

セミナーでは、工学研究科の五十嵐太郎先生(建築史・意匠論)が「なぜ建築には歴史学があるのか」、内田麻理香さん(サイエンスライター)が「複数の『メガネ』を持つために」、総長特命教授の米倉等先生(開発経済学・地域研究)が「学問と社会：開発経済学と地域研究の場合」と題して、それぞれ二〇分間の話題提供がありました、続いて、総長特命教授の野家啓一先生(哲学)、吉野博先生(建築環境工学)、座小田豊先生(哲学)、宮岡礼子先生(微分幾何学)らも登壇し、会場からの質問を受けての活発なパネルディスカッションが行われました。司会は総長特命教授の山口隆美先生(医工学)です。

ものづくりや医療に関係した分野では、「役に立つ」という観点はすぐ受け入れられるし、特に疑問ももたないかもしれません。では、人文・社会科学系の「哲学」や、理学系の「天文学」や「数学」の存在意義をどう主張したらいいでしょうか。これらの学問も大いに必要ですし、実際大変役にもたっています。そのことを皆さんに納得させる理屈を述べることが、今求められているのです。二〇一五年六月八日、当時の下村博文文科大臣から出された「国立大学法人等の組織及び業務全般の見直しについて」が発端となって、教員養成系や人文・社会科学系の分野の必要性に話題が沸騰しました。今回のセミナーはこれを受けてのものです。参加された皆さんから、とりわけ理学部の学生の皆さんからたくさんの質問が出て、大変良かったと思います。

私は教養教育院長の立場で、次の三つの話をして閉会の挨拶としました。(1)研究には大きな影響を与える研究もそうでない研究もあるが、それらすべてが知の体系の構築のためには必要であること、同じようにすぐ役に立たない学問のように思えるものも最終的には学問の体系の構築には必要であること、（2）軍事研究にはノーと言いたいこと、（3）考える基礎となる知識と力を得るために大いに読書をして欲しいこと。さて皆さん、自分がやろうとしている学問をどう位置づけますか。

（二〇一七年四月二〇日）

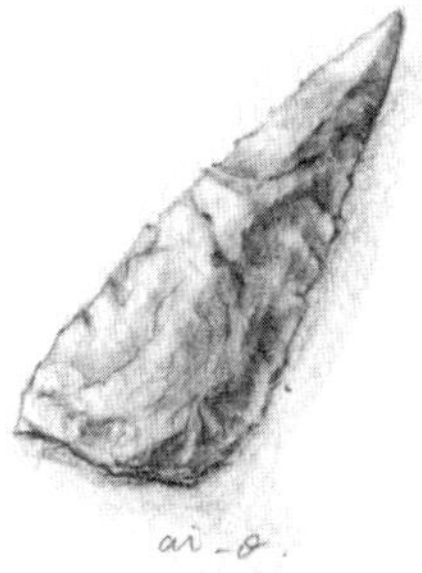

26 さらに整備される本学のユニバーシティ・ハウス

今月九日（火）の午後、青葉山新キャンパスに建設するユニバーシティ・ハウス（UH）（後に「UH青葉山」と命名）の起工式が行われました。竣工は来年の夏の予定で、その後内部設備の整備を行い、一〇月から運用が開始されることになります。六階建てや七階建ての建物が合計六棟、新キャンパスの中心付近の一番高いところに建設されます。室数は七五二室です。この整備により、本学の日本人と留学生とが一緒に生活する形態の、いわゆる国際混住寮は一七二〇室となります。この室数は、国内随一です。

これまで本学が有するUH（室数）を書いておきましょう。場所はいずれも青葉区内で、三条町地区にはUH三条（四一六室）、UH三条Ⅱ（二一六室）、UH三条Ⅲ（二八八室）が、片平キャンパスにはUH片平（四八室）が、上杉（かみすぎ）の明善寮・松風寮内敷地内にはUH上杉（三二室）が、長町地区にはUH長町（四八室）があります。このうち、UH三条Ⅲ、UH上杉、UH長町の三つのUHは、この三月まで東日本大震災後の応急仮設寄宿舎であったものをUHに転用したものです。本学はこのような転用を予め想定して応急仮設寄宿舎を建設していました。

本学が日本人学生と留学生を一緒に生活する寮としてUHを検討し始めたのは、今から一六年前の二〇〇一年のことです。「国際感覚の研鑽」、「協調性・社交性の涵養」、「安心・安全な生活環境」、「高品質の生活環境」の四つのコンセプトに基づく宿舎です。この事業は全国的にも先駆けとなるもので、その後多くの国公私立大学から見学があったと聞いております。生活しながら国際感覚を磨くことができ、大学の国際化に大きく貢献しますので、今では各大学がこのような国際混住寮をもつことが当たり前になってきています。

さて、UH青葉山では、これまで以上に学生の皆さんにとって有益な場とするため、本学の学生生活支援審議会に昨年度、「ユニバーシティ・ハウスにおける学生育成のあり方に関する検討ワーキンググループ」を設置して議論を重ねました。そして講演会や研修会をUHで開催することなど多くのアイデアが提案されました。その議論を踏まえ、新UHには多くの皆さんが集まることのできるスペースを整備することにしました。また、UHにはアドバイザー制度という先輩の人たちが面倒を見たり、相談に乗ったりする制度も導入しています。皆さん、UHの利用はどうですか、お勧めですよ。（なお、本欄二〇一三年一〇月二〇日付の「東北大学ユニバーシティ・ハウス（UH）」に、UH三条Ⅱが竣工したことを書いていますので、その記事も参考にしてください。）

（二〇一七年五月二〇日）

27 飛翔型「科学者の卵養成講座」

皆さんの中には、表題の「飛翔型『科学者の卵養成講座』」を聞いてピンとくる人もおられるかもしれませんね。あるいは、私はその卒業生ですという人もおられるでしょう。この講座は、国立研究開発法人科学技術推進機構（JST）が行っている事業、「グローバルサイエンスキャンパス（GSC）」の本学のプログラムの名称です。二〇一四年度からこの事業を進めており、今年で四年目となります。その前にも、二〇〇九年度から五年間は「科学者の卵養成講座」を走らせていました。同じくJST支援の事業です。この事業がとても良い成果を挙げましたので、その後継の事業として、「飛翔型」の冠がついた現在のものに発展させたのです。

この事業はその名称から分かるように、科学が大好きな高校一・二年生を対象として、講義や実験などを行い、優秀者には大学レベルの研究をしてもらうことが目的です。キャッチコピーには、「科学者を目指すキミを東北大が全力でサポート！　最先端、多分野にわたる講義・本学留学生と過ごす英語交流サロン・大学の研究室での研究に挑戦の機会も。本講座修了生『科学者のひよこ』も全力で応援。科学大好きな高校生たちと切磋琢磨してキミも科学者として孵化しよう！」とあります

今年度の開講式が五月二七日（土）の午後、工学研究科中央棟2階講義室で行われました。毎年のことですが、私は本学の教育担当理事として式の冒頭で挨拶をしました。式には、今年度三倍の難関をくぐり抜けた一一〇名の北関東から東北各県の高校生と、保護者や高校の先生方、そしてお世話する本学関係者や、講座卒業生の学生も加わり、総勢おそらく二〇〇名近い人が参加されたのではなかったでしょうか。来賓として、私の他に工学研究科長のT先生も出席され、お祝いの言葉を述べられていました。

式には、前年度カリフォルニア大学リバーサイド校へ訪問した先輩たちや、既に大学生となった「ひよこ」たちが出席していました。先輩たちのアドバイスは、「講座への参加を有益なものにするためには、皆と積極的に交流することだ」というものです。受け身ではなく、能動的に、話しかけたり行動したりすることが一番だということです。この講座では、本学への

留学生との英語による交流の機会（英語交流サロン）も設けられています。ある先輩のアドバイスです。「交流サロンを有意義なものとするには積極的に話しかけること、中でも5W1Hが大事、すなわち、when、who、where、what、why、そしてhowを使って積極的に問うてみること」というものでした。確かにその通りですね。このアドバイスは、皆さん全員に当てはまるのではないでしょうか。

（二〇一七年六月二〇日）

28 青葉山コモンズを利用しよう

皆さんは、農学部・農学研究科が雨宮キャンパスから青葉山新キャンパスに移転したことをご存知ですね。移転作業は昨年一二月から始まり年度末までには完了し、この四月からは、すべての教育と研究とが新キャンパスで行われています。地下鉄東西線の青葉山駅の新キャンパス側の南1出口に出ると、ほぼ東西に走るキャンパスモールが見えてきます。その西端の正面にあるのが農学系総合研究棟です。茶褐色を基調とする五階建ての建物で、階段を何段か上って正面入り口となります。建物の上方の壁面にロゴマークを付けると、本学でも一、二を争う威厳のある建物になるのではないかと、個人的には思っています。

農学系総合研究棟の手前左手には「青葉山コモンズ」と呼ばれる二階建ての建物があります。農学部・農学研究科の大小さまざまな一〇の講義室と、本学図書館の農学分館、厚生施設（東北大学生協「みどり食堂」と売店「みどりショップ」）、そしてラーニングコモンズが入っています。農学分館には開架式の書棚が並び、机や椅子もたくさん用意されています。ゴルフ場だった外の景色を見て勉強するのもよし、周囲とは隔離された中で勉強するのもよし、という環境です。また、五〇万冊の図書を収納するスペースも有しており、蔵書が増えたときに使用したり、本学の本館や分館が改修する際の蔵書の一時避難先として使用したりするとのことです。

何と言っても青葉山コモンズの「売り」は、その名の通り、1階のラーニングコモンズのスペースです。宮城県内で産出された木材を利用した椅子（今後、寄附者のお名前が付けられるとのことです）や多様なテーブルが並んでいます。一人で自習することも、数人で議論することもできます。さらにゼミも開けるガラス張りのスペースもあります。建物入り口から広がるこのラーニングコモンズは、利用者が自由な使い方が出来る空間です。コモンズ全体を使えばちょっとした研究集会もできそうです。実際、その後シンポジウムが開催され、一〇〇名を優に超える参加者があったとのことです。

青葉山新キャンパスには、これまで災害科学研究所や環境科学研究科などの建物ができていましたが、今回の農学総合研究棟と青葉山コモンズの竣工で一段落したと言ってもよいでしょう。そこで、本学はこの五月一五日（月）の午後に、青葉山コモンズ内で竣工記念式典と施設見学会が行われました。私も参加し、二つの建物を案内してもらいましたが、従来の建物より格段に明るく、気分的にゆったりとした空間になるように創られていると感じました。皆さん、青葉山コモンズは農学部・農学研究科以外の人でも使える建物です。是非、皆さんなりの使い方をしてみてはどうですか。

（二〇一七年七月二〇日）

29　ＡＩ時代を乗り切るには

今月九日（水）の午後、大和町にある宮城大学で、「大学創立二〇周年・創基六五周年記念式典」が開催されました。私は二〇一二年より、県が設置する同大学の評価委員会の委員をしていることもあり、式典に招待されました。宮城大学は一九九七年の設立ですが、二〇〇五年に併合された宮城県立農業短期大学の設立が六五年前とのことで、併せて「創立二〇周年・創基六五周年」と銘打ったとのことです。式典では、学長式辞や来賓祝辞の後、大学共同利用機関法人情報・システム研究機構国立情報学研究所の新井紀子教授による記念講演と、二〇年の歴史を振り返り、今後を考えるパネルディスカッションが行われました。

新井先生の記念講演は、「ＡＩが大学入試を突破する時代、私たちはどう生きるか」と題するものでした。その内容の一端を紹介しましょう。先生は二〇一一年から「ロボットは東大に入れるか？」というＡＩ（人工知能）に関するプロジェクトを率いてきました。しかし、昨年一一月、東大入試を突破できるロボットは創れないと宣言し、このプロジェクトを閉じてしまいました。チェス、将棋、囲碁と、次々にＡＩロボットが第一人者を破っているのですが、東大入試は突破できないと判断したのです。その理由は、いくらビックデータを用いて深層学習（ディープラーニング）したとしても、文章を読み解く力や推論する力を得られないためとのことです。一方で画像分析力は極めて高く、医療現場の画像診断士は、三年以内にはＡＩロボットに置き代わると断言しました。

講演の中で、スマホに「この近くの美味しいイタリア料理店は？」と「この近くの不味いイタリア料理店は？」と聞いてみると、同じ回答が返されるとの例を出していました。今のＡＩ技術では、美味しいと不味いとの違いが理解できないとのことです。すなわち、これからの時代、ＡＩロボットから職業を奪われないためには、文章を正しく読み取り、推論して結論を出す力を身に付けることが大切なのです。

新井先生は現在、読解力を測るテストを開発して調査を行っているとのことでした。調査の結果、教科書の内容を読み取れていない学生や、基礎的な読解もできていない学生がかなりいるとのことです。どうしてそうなのかを研究する中で、読解力を身に付けるための方策（教育）を考えていきたいとのことでした。ところで、このテストを宮城大生も受験したとのことです。新井先生は、宮城大生は親や友達と対立してこなかった素直な、書いたものを信じる傾向が強く推論が苦手な、偏差値のばらつきが小さな、粒がそろっている学生集団と表現していました。この見方当たっているのでしょうか。さて、本学の皆さんはどうなのでしょうかね。

（二〇一七年八月二〇日）

30 「わが理想の本棚」

大手出版社の一つに集英社があります。単行本、文庫や新書、そして雑誌と多くの書籍を出版している会社ですので、皆さんも同社の本を手に取ったことがあるのではないでしょうか。その中に季刊誌『kotoba』があります。同誌の編集長は、「技術の進歩著しい時代に、単なる『情報』ではなく、残すべき『コトバ』を紙の本で残したい。（略）紙の書籍文化をあらためて見直し、その広大な知的世界を毎号読者に紹介していくことを編集方針に加えます。（略）今、各界の最先端で活躍する人たちの言葉と共に、過去の知恵の膨大な蓄積である紙の書物を紹介することで、現在世界が直面する問題に迫っていく」と述べています（同社のウェブサイトから）。

この雑誌には、毎号一〇〇ページを超える分量の特集が組まれています。九月初めに二〇一七年秋号が刊行されましたが、特集は「わが理想の本棚」でした。サブタイトルには、「本のプロフェッショナルたちが選び抜いた、こだわりの書籍の数々を紹介」とありました。新聞広告でこの特集を知り、早速この雑誌を購入しました。特集の説明に、「読みたい本を手に入れ、寝食を忘れ耽読し、自分の書棚に並べる。世界中の読書人は、そんな営みを何世紀にもわたり繰り返してきた。作家、研究者、書店員……本を読むことを中心に置き、本を愛し、本とともに生きるプロフェッショナルたちが選び抜いた理想の本棚をのぞいてみよう。読み手の人生を変え、世界を動かす本が見つかるかもしれない」（11ページ）とありました。

皆さんもご存知の池上彰さんはイントロダクションで「私を作った一〇冊の本」を書いています。作家の池澤夏樹さんや林望さん、そして「動的平衡」の著者の福岡伸一さんや、「ゾウの時間、ネズミの時間」を書いた本川達雄さん、ゴリラの研究者で現京都大学総長の山極寿一さんらは、「私が選んだ一〇冊」のコーナーでそれぞれこれはと思う一〇冊を紹介しています。誰がどのような本を選んでいるか、興味が沸きませんか？

さて、同様の企画の冊子として、先にこの欄でも紹介した本学高度教養教育・学生支援機構の教養教育院所属の総長特命教授の先生方による「読書の年輪―研究と講義への案内―」があります。先生方がこれはと思う本を一人六冊ずつ紹介しています。二〇一〇年から毎年刊行されていますが、二〇一七年版にはOBの先生方も含め一六名の先生方による九六冊の本が紹介されています。この冊子は新入生の皆さんには入学手続書類とともに送っています。在籍中の皆さんも最新版を本学図書館本館や分館で入手できます。ぜひ参考にして、面白そうな本を一冊でも二冊でも手に取ってみてはどうでしょうか。

（二〇一七年九月二〇日）

31　七大戦総合優勝なる！

先月二三日（土）、名古屋大学で第五六回全国七大学総合体育大会（七大戦）の閉会式が行われました。今回の七大戦では、本学は228ポイントを獲得し、二位の主管校名古屋大学に27ポイントの差をつけて総合優勝しました。三位以下の順位は、大阪大学、東京大学、京都大学、北海道大学、九州大学です。今年の七大戦は東京大学、北海道大学、名古屋大学が先行し、本学はなかなか上位に食い込めませんでしたが、七月末に行われた陸上競技種目で男女とも好成績を挙げ、ようやく首位に躍り出ることが出来ました。八月以降は各部の安定した戦いで首位の座を守り続けて総合優勝を果たしました。

さて、今回の七大戦は五六回ですのでちょうど八巡目が終わったことになります。ここで様々な記録をまとめておくのもいいかもしれません。まずは、総合優勝の回数です。一位は京都大学一四回、以下、本学一三回、東京大学一一回、大阪大学七回、北海道大学と九州大学四回、名古屋大学が三回です。主管破りは二一回起きていますが、最多は京都大学が八回、以下、東京大学が六回、本学が五回、大阪大学二回となります。北海道大学、名古屋大学、九州大学はありません。主管破りを食ってしまった回数も挙げておきましょう。名古屋大学が五回、北海道大学、九州大学が四回、東京大学と大阪大学は三回、京都大学が二回です。そうです、本学のみが一度も主管破りをされていないのです。（インターネットのWikipediaに「全国七大学総合体育大会」の項目がありますが、記載されている内容と表に幾つか誤りがあるようですので、ご注意を！）

今回の大会で一つの新記録が出ました。それは、七大学総長の最多総合優勝回数です。総長就任期間中に何回総合優勝を果たしたかを数えてみますと、これまでは三回が最多でした。今回の本学の総合優勝で、里見進総長は四回（第五二回、五三、五四、五六）で単独首位に躍り出ました。三回は三名おられます。東京大学の平野龍一総長（二〇、二一、二二）、本学の西澤潤一総長（三〇、三三、三四）、そして京都大学の長尾真総長（三八、三九、四〇）です。里見総長、平野総長、長尾総長は三連覇を成し遂げた総長でもあります。三連覇は東京大学が二回行っていますが、もう一つの三連覇は、最初の二回が茅誠司総長（一、二）、三連覇目は大河内一男総長（三）でした。

七大戦に限らず、学生の皆さんの様々な活躍は、教職員にとって大変嬉しいものです。誇りに思いますし、元気になる源でもあります。皆さん、これからも大いに課外活動に、そしてボランティア活動に頑張ってください。大学も皆さんの活動を可能な限り支援をしていくつもりです。

（二〇一七年十月二〇日）

32　第一二回学生生活調査への協力を

本学は隔年で「学生生活調査」を行っています。その第一二回調査がまさに今、進行中です（二〇日締め切りですが、今月末まで延長される予定です）。この調査は、皆さんの勉学・日常生活上の意識や生活の実情を把握し、改善に向けて活用するために実施されるものです。対象者は、本学に在学しているすべての学部・大学院学生です。

調査結果は毎回詳しく分析され、皆さんの学習環境の整備・向上に向けて活用されます。結果は、冊子になって配布されるとともに、ウェブサイトでも見ることが出来ます。この調査における学生の皆さんの要望から、多くのことが実現しています。例を挙げますと、川内北キャンパスの厚生施設・食堂の改修や増築、学内キャンパスバスの運行、仙台市交通局との協力で市バスや地下鉄のフリーパスが導入されたことなどがあります。さらに、カルト教団からのしつこい勧誘やブラック企業バイトに関する相談体制の整備、キャリア教育や就職活動に対する支援体制の充実、なども過去の調査での皆さんからの要望が基になっています。その意味で、皆さんの要望を大学側に伝える一つの有力な手段となっているのです。

同じような調査を日本学生支援機構（ＪＡＳＳＯ）も全国の大学を対象として隔年で行っています。二〇一四年の調査は、学生の標準的な学生生活費とこれを支える家庭の経済状況、学生のアルバイト従事情況など学生生活状況を把握することを主眼としていました。全国で約一〇万人を対象とし、約46％の人から回答を得たようです。結果の一例ですが、収入額は年間一九七万円で、その内訳は家庭からの仕送りなどが60％、奨学金が20％、アルバイト収入が16％だそうです。この数値は前回の二〇一二年の調査とほぼ同じとのことでした。この調査結果はＪＡＳＳＯのウェブサイトで見ることが出来ます。

本学の調査の課題は、その回答率の低さです。そのため、今回の調査に協力すると、抽選で三〇名に「ソニー製ワイヤレスステレオヘッドセット」を、二〇〇名に「東北大学ロゴマーク入りオリジナルＵＳＢメモリ（８ＧＢ）」をプレゼントすることにしました。皆さん、奮って参加してください。

（二〇一七年一一月二〇日）

（注）

第一二回学生生活調査の報告書は、二〇一八年三月に冊子体とウェブサイトで公表されました。興味のある方はご覧になってください。ウェブサイトは、本学ＨＰから教育・学生支援の項目を選ぶと、学生生活調査の項目が出てきます。そこに入ると、今回のも含めて過去の調査結果も見ることができます。

33 「読書の年輪」の原稿

本学入学時に皆さんも目にした、教養教育院が発行している「読書の年輪―研究と講義への案内―」の二〇一八年版で、私も六冊の本を紹介することになりました。私は、教養教育院が所属する高度教養教育・学生支援機構の機構長をしており、さらに教養教育院の院長を務めている関係で、総長特命教授ではありませんが特別に頼まれたのだと思います。締め切り日までに原稿を提出できるか心配でしたが、諸先生方の中に混じって私がこれはと思う本を紹介できることは大変光栄でしたので、お引き受けすることにしたのです。

私が紹介する六冊の本は、副題にありますように研究と講義に関連する本であるべきなのですが、少し広義に捉え、皆さんに手に取ってほしい本としました。それでもまずは、私が専門としている分野からの三冊です。F・ナンセン著『フラム号北極海横断記―北の果て―』、M・E・マン著『地球温暖化論争―標的にされたホッケースティック曲線―』、そして三宅泰雄著『空気の発見』です。残りの三冊は、小説・エッセイ・歴史本で、具体的には、村上龍著『愛と幻想のファシズム』、湯川秀樹著『旅人　ある物理学者の回想』、塩野七生著『ローマ人の物語　I〜XV』です。

さて、読書の年輪では、六冊の本の紹介の前に、一〇〇〇字程度で読書に関するエッセイを書くことになっています。総長特命教授の先生方の人柄や考え方がにじみ出ているこれらのエッセイが実に面白いのです。実は、このエッセイが大問題でした。一家言も二家言もあって文章も上手な先生方と一緒の冊子に載るのですから、下手なことは書けません。あれやこれやと悩んだ末、タブレットなどで文章を読むのではなく、物理的実態としての本を手に取ることが重要なのだ、と主張することにしました。そして、このエッセイの表題を「書を持って、旅に出よう」としました。皆さんはご存知かどうか分かりませんが、私と同年代の方ならすぐ分かります。詩人で劇作家であり、劇団「天井桟敷」の主宰者である寺山修司の評論集『書を捨てよ、町へ出よう』のもじりなのです。私のエッセイの内容はここでは紹介しません。気になりましたら来年春に出る「読書の年輪」を手に取ってください。本学図書館本館や分館で入手できることになっています。

若い方の読書離れが進んでいると報じられています。

半数もの多くの人が一日の読書時間がゼロ分との調査もあります。ここで、教育院長として私が書いた読書の年輪の、冒頭の挨拶の文章を改めて記しておきます。「読書は豊かな心を作ります。皆さんが確かな教養を身に付けるためにも、日常的に読書に親しんでください」。

（二〇一七年一二月二〇日）

34　平成時代の名著五〇冊

読売新聞に「18歳の1票」という企画記事がありました。選挙権が一八歳まで引き下げられたことを機に、社会の様々な問題について分かりやすく解説する記事です。一月一三日（土）の記事のテーマは「書店の危機」で、どうすれば書店の減少に歯止めをかけることが出来るのかを解説していました。見出しには、「大学生の半数　読書せず」、「本離れ対策　工夫凝らす書店も」とありました。

この記事の前半は、全国大学生活協同組合連合会が行った生活調査の結果の紹介です。見出しにあるように。昨年のアンケート調査では、まったく本を読まない人が、二〇〇七年の34・8％から、49・1％に上昇したことが分かりました。一方で、毎日六〇分以上読む人は双方の年とも19％台と、ほぼ横ばいとのことです。読書時間がスマホの利用時間に置き換わっているのではないかとの分析がありました。スマホは否定しませんが、学生の皆さんには積極的に本を手に取ってほしいものです。

さて、翌日の一月一四日（日）の読売新聞の書評欄

（宮城地区では九面）に、天皇陛下が退任することにより「平成」が来年の四月末で終わることから、毎週一冊ずつ、平成時代の名著を五〇冊選んで紹介するとの案内がありました。選者は、政治学者の牧原出東大教授、作家の梯久美子氏、生物心理学者の岡ノ谷一夫東大教授の三人とのことです。記事には、三名による対談内容が紹介されています。この企画の意図が読み取れる発言を引用しておきます。「僕は、人類が自ら滅亡を意識し始めた時代として、平成をとらえています。（略）人類はどう持続してゆけるのか。進化史や宇宙史を視野に入れて本を選びたい」（岡ノ谷）。「挙げられた本を全部読まなくともいいと思う。本や著者の存在を知るだけでも、文化に対する興味や尊敬の念が生まれます」（梯）。「時代や分野を超えて、未来に読み継がれるリストにしてゆきましょう」（牧原）。

そしてこの記事で、さっそく一番目の本が紹介されました。寺崎英成、マリコ・テラサキ・ミラー編の『昭和天皇独白録』（一九九一、現在は文春文庫で一九九五）で、この本は「天皇自身の生々しい肉声に近い記録」なのだそうです。残念ながら私はこの本を知りませんでした。さて、五〇冊ですので、これからほぼ一年かけて紹介されることになります。私は、どんな本が選ばれるか、そしてこのうち何冊を手に取っていたのか、などと思うとワクワクしてきます。他紙に先んじたこの読売新聞の書評欄の企画は、とてもいいところを突いていると思います。他紙もこの企画、「やられた」という感じではないでしょうかね。皆さんもこの企画に注目を。

（二〇一八年一月二〇日）

35　ボランティア活動窓口の設置

二〇一一年三月一一日に発生した巨大地震「東北地方太平洋沖地震」により引き起こされ大津波で、東北地方の太平洋沿岸では社会基盤・生活基盤が徹底的に破壊され、同時に多くの人命が失われました。東日本大震災と名付けられたこの未曽有の事態に対し、本学の多くの学生や教職員が現地に入りボランティア活動に参加しました。本学は同年六月、「東日本大震災学生ボランティア活動支援室」（以下、支援室）を設置し、活動を物心両面で支援してきました。震災発生後七年を経ようとしている現在でも、現地ではまだまだ支援を必要としています。

東日本大震災以後も、台風などによる豪雨や地震による災害など、自然災害が後を絶ちません。二〇一四年七月には山形県南陽市で集中豪雨による水害が発生しました。また、二〇一五年九月の「平成二七年九月関東・東北豪雨」と名付けられた豪雨では、全壊約八〇戸、半壊約七〇〇〇戸、浸水家屋約一万二〇〇〇戸という甚大な被害が出ました。これらの災害でも多くのボランティアの方々が復旧・復興に携わりました。

一方、ボランティア活動はこのような自然災害だけでなく、介護・防災・教育・地域振興の分野や、外国の人との多文化共生に関する分野など、広範囲に及ぶようになりました。二〇二〇年に東京で開催されるオリンピックやパラリンピックでは、語学通訳等を含み、多くのボランティアの参加が求められています。

本学は、ボランティア活動を課外（サークル）活動と同じく、正課の授業では得ることのできない様々な「学び」を得ることができる活動として支援しています。実際、二〇一四年四月に発足した高度教養教育・学生支援機構の中にも、「課外・ボランティア活動支援センター」（以下、センター）を設置し、専任教員を二名配置してきました。二〇一六年四月に発生した「平成二八年熊本地震」では、熊本大学の学生ボランティアが大活躍をしましたが、このとき、支援室から五年間の活動をまとめた報告書を熊本大学に送ったところ、とても役立ったとのことでした。その後、本学の学生や教員が熊本を訪問したり、秋には熊本大学の学生が本学に来られたりして、相互交流を行ってきました。

このような背景のもと、本学は昨年一二月に東日本大震災以外の分野を含めた全学的・総合的な学生ボランティア活動支援の窓口を、支援室からセンターに移行することにしました。もし皆さんが、ボランティア活動を行いたいが、どうしたらいいのか分からないときなどはセンターに気軽に連絡してください。専任スタッフと学生ボランティアメンバーが、ボランティア活動に関する様々な情報を提供します。

（二〇一八年二月二〇日）

36 「学生の皆さんへ」を終えるにあたって

長い間「学生の皆さんへ」を読んでくださり、有難うございます。早いもので今回のエッセイがこの欄の最後となります。私は、二〇一二年四月に「教育・学生支援・教育国際交流」担当の理事に就任しました。そのとき、それまで研究室で行ってきたように、学生の皆さんに知ってほしいことや伝えたいこと、期待することや希望することなどを、毎月発信しようと考えました。ここで「皆さん」とは、本学に入学して川内北キャンパスで全学教育を学んでいる皆さんを主に想定していました。そして最初に書いたエッセイが「学びの転換を」（二〇一二年四月二〇日）です。以来毎月二〇日にウェブサイトに掲載することとしました。

理事の任期は二年ですが、二回更新がありましたので計六年間、この立場におりました。今回、里見進総長の退任と同時に、私もこの立場を降りることになりました。この間、毎月掲載しましたので、今回が七二編目のメッセージとなります。

このエッセイのことをこれまであまり広報しません

でしたので、読者はごく少数だったと思います。ただし、何回か特定のテーマの文章を印刷して、学生の皆さんへ直接配布したことがありました。さて、これらのエッセイをブックレットとして出版しようと思い、東北大学出版会へお願いしました。すでに査読が行われ、検討すべき事項が出てきたのですが、私に対応する時間と心の余裕が全くなく、査読コメントは机の上にもう何か月も置いたままになってしまいました。来月からは時間と心に余裕ができますので、対応できるのではと思っています。私はこの他、「折に触れて」という別の欄にもエッセイを書いています。理事就任後、本学で起こった出来事や教育に関するものを書いたエッセイがあります。これらも合わせ、二冊のブックレットにしようと考えています。

さて、私が機構長を務める二〇一四年四月に設置した高度教養教育・学生支援機構では、六つのキイ・コンピテンシー（重要な展開能力）をもっている人材を育成することを教育目標としました。別の表現をしますと、皆さんに「元気」になってもらおうというものです。元気になるというのは抽象的ですね。しっかりとした基礎知識を背景に、応用する力と課題に果敢に立ち向かう勇気、そして他者を理解し多様性を受け入れる寛容性、さらに日本語を母語としない人たちとのコミュニケーション力をもっているような状態を指します。組織は作りましたが、全学教育分野におけるカリキュラムの改革と教育内容の充実はまだまだ道半ばです。新しい執行部のもとで、本学の教育する力がさらに発展することを期待して、ここに筆を置くことにします。

（二〇一八年三月二〇日）

Part 2 折に触れて

1　七大戦レセプションにおける総長の激励の挨拶

本学が主管となる第五四回「全国七大学総合体育大会」、通称「七大戦」の開会式とレセプションが、この七月四日（土）の午後、本学川内キャンパスで開催された。開会式は萩ホールで、レセプションは生協食堂「杜ダイニング」で行われた。

私の開会式・レセプションへの出席は、第五一回の九州大学からで、その後大阪大学、京都大学と続き、今回で四回目である。どの大会の開会式もレセプションもそれぞれユニークで楽しいものであった。中でもびっくりしたのは、各大学総長のレセプションにおける激励の挨拶であった。この総長の激励の挨拶は、レセプションの中の見どころ・聞きどころの一つである。

七大戦は学生による学生のための大会である。本学も開会式やレセプションの運営は、原則学生自身の発案を尊重している。ちょうどほぼ一か月前、どのような開会式とレセプションにするのか、学生から総長に説明があった。学生の原案は、主管以外の大学の総長の激励の挨拶を、レセプションの最後の方に置いていた。これに対し総長は、早い方がいいのでは、とのことで乾杯の挨拶のすぐ後に置くことにした。

ところが、開会式の二日前に行った最後の総長説明でも、同じプログラムになっていた。直し忘れたらしい。学生に聞くと、プログラムはもう印刷しているという。そこで、レセプションの前に各大学の総長に事情を説明し、乾杯のすぐ後に挨拶をしてもらうこととし、私が行う乾杯の挨拶で、その旨アナウンスすることとした。

そして行ったのが、以下の乾杯の挨拶である。いつものように「である体」で記す。

七大戦も今年で第五四回目を迎えた。学生の自主運営の大会として途切れることなく半世紀以上も続いてきていることは、学生諸君が自ら七大戦の伝統を守ろうとする意気込みがそうさせているのだろう。これが一番であると思うが、各大学の総長をはじめとする教職員の方々、そして学士会の方々の、七大戦に対するご理解とご支援の賜物であると理解している。感謝申し上げたい。

さて、四二種目にわたり熱戦が繰り広げられる七大戦では、それぞれの競技で見どころがあるが、その他にもいろいろと楽しめるものが沢山あると思っている。

例えば、大会マスコット・キャラクターはどんなものか、グッズではどんなタオルなのだろうか、また開会式では、各大学どんなビデオレターやペナントを作ったのだろうか、などなどである。

そして、このレセプションにも見もの、聞きものがある。主管校の学生諸君は、どんなパフォーマンスを見せてくれるのか、大変楽しみである。実際、本日、本学の二つの学生団体によるパフォーマンスがある。大いに楽しみにしていただきたい。

さらに、この懇親会ではもう一つの楽しみがある。それは、急遽順番を変更して、この乾杯の後、すぐに行ってもらうことになっているのだが、主管校以外の六大学の総長による激励の挨拶である。

私は今回で四回目の開会式や懇親会への出席なのだが、毎回各大学の総長の激励の挨拶を聞いて唖然とした。今大会は、本学がぶっちぎりの優勝だなどと、何の根拠もない主張をし始めるのである。長年学問に携わってきた先生方とはとてもとても思えない、身びいきの、根拠薄弱な勝手な主張をし始める。

実は昨年、京都大学での本学の激励の挨拶は、里見総長が所要で欠席しなければならないということで、私がやることになった。そうしたら、やはり、必然的にそのように挨拶になってしまうことが分かった。東北大学は二連覇するぞ、そして来年は主管校になる、主管破りをされたことのない本学は三連覇するのだ、そして再来年はどの大学もやったことのない前人未到の四連覇だ、などと挨拶したのであった。

そのような訳で、このレセプションでは、総長による激励の挨拶もぜひ楽しみにしていただきたい。

少し長くなってしまった。それでは乾杯に移りたい。第五四回七大戦の成功を祈念して、乾杯したい。ご唱和を。乾杯!

実際の激励の挨拶は、第五三回主管の京都大学、第五二回主管の大阪大学とさかのぼってやっていただいた。もちろん、大いに盛り上がったことは言うまでもない。ある総長からは、「イヤー花輪さんに乗せられてしまいましたねー」との言葉をいただいた。

レセプションの中や終了後に、何人もの方々から、今回の開会式・レセプションは良かったですね、盛り上がりましたね、とのお褒めの言葉をいただいた。どうなることかと思っていたのだが、一安心である。本学の学生諸君、関係する教職員の努力と奮闘の賜物であると思っている。

さて、肝心の本学の七大戦の成績のことである。七月四日の開会式当日までの成績は、東大を押さえて一位であった。一〇日現在、四二種目中一二種目を終えたところであるが、依然一位をキープしている。是非、一位のままで大会を終わってほしい。九月下旬まで競技は続く。この夏は、ひやひやし通しかもしれない。

（二〇一五年七月一〇日）

2　二〇一五年度東北大学オープンキャンパス

今年度の東北大学オープンキャンパスは、七月二九日（水）と三〇日（木）の二日間、片平キャンパスを除く川内、青葉山、星陵、雨宮の四キャンパスで開催された。両日とも天候に恵まれたというよりは、最高気温がそれぞれ三三・〇℃、三〇・三℃と、熱中症が心配なほどの暑さであった。

今年度の参加者は、二日間で計六万四一一名であった。この参加者数は、昨年度よりも五二六四名多く、本学オープンキャンパス史上、二〇一三年度についで第二位の記録である。

これまでのアンケート調査から、本学へ入学する学生の約半数の人が、オープンキャンパスに参加していることが分かっている。東北地方の高校からの入学者に限れば、この数字はさらに高く、約80％となる。本学のオープンキャンパスは受験者の確保の観点から、非常に重要な行事なのである。

ただ、参加者が多いだけにその運営には注意を払わなければならない。全学の立場でこの行事を企画し世話をしているのは、事務部では教育・学生支援部入試課であり、教員は高度教養教育・学生支援機構の入試センターに所属している先生方である。もちろん、各部局でもそれぞれに実施体制を作り、運営している。

他大学でも似たようなところはあるのだろうが、私は本学のオープンキャンパスの特徴は、学生が主役になって参加者と触れ合っているところにあると思っている。自分たちが日ごろ研究している成果を、できるだけ分かりやすく伝えることで、研究を理解してもらおうと努力している。このことで、参加者と接している本学学生が、来場した高校生のロールモデルとなり、本学への入学を誘っているのではなかろうか。

さて、オープンキャンパスには、六万人もの人たちが多くの大型バスに分乗しやってくる。キャンパス周辺には車が殺到することになるので、臨時に交通誘導員を各キャンパスに配置している。

さらに、昨年度は、短時間ではあったが凄まじい豪雨があり、川内北キャンパスでは、厚生施設の前庭が水浸しになった。そのため、豪雨対策として、各部局に避難場所の確保を要請した。また、大地震発生時の対応として、地震対応マニュアルを活用し、避難場所もパンフレットに明記するなどの対策をとっている。

その他、暑さ対策として、昨年度同様に来場者にうちわを配布した。このうちわは、表側に本学のロゴマークを、裏側に本学附属病院百周年のロゴマークを入れたものである。また、資料を入れるための不織布で作成した「東北大学エコバッグ」をこれまで同様配布した。

さて、今回のオープンキャンパス開催の前、研究室のKさんから問い合わせがあったこともあり、本学のオープンキャンパスの歴史について、分かる範囲でまとめておくこととした。これらの情報は、私の備忘録と入試課でまとめた資料から作成したものである。

本学のオープンキャンパスは、工学部金属系三学科が、一九八二年度に始めたのが最初らしい。しばらくは金属系学科のみであったが、一九九五年度には工学部全一七学科が参加した。二年後の一九九七年度には、理学部と薬学部が参加し、三部局が参加するオープンキャンパスとなった。

なお、私の備忘録には、一九九七年度は「オープンキャンパス」という名称ではなく、「オープンカレッジ」とあった。これが当時の正式名称なのか、私のメモの間違いかは、入試課の資料にもなく確認できていない。

さらに二年後の一九九九年度は、全一〇学部が参加する形で行われた。入試課の資料によると、開催の趣旨は以下のように謳われている。「本学入学を志す者を対象として、本学の教育・研究を正しく理解し、適切な進路を選択するに当たっての参考に資するため、本学各学部・研究科等の概要を説明するとともに、教育・研究内容、学内の諸施設等を紹介する目的で実施している。」

なお、入試課の資料には、名称について次のような記述がある。「平成一一・一二年度における名称は、『平成〇〇年度受験生のための東北大学説明会及びオープンキャンパス』であったが、平成一三年度より『東北大学オープンキャンパス』に変更した。」

本稿末尾に、一九九九年度のオープンキャンパスを第一回として、今回までの各年度の開催状況をまとめた表を示す。この中の日程の欄は、私の備忘録から拾っている。

回を追うにつれてオープンキャンパス参加部局は次第に増え、二〇〇三年度には附属図書館が、二〇〇四年度には国際文化研究科など五独立研究科とサイバーサイエンスセンターが、二〇〇八年度には医工学研究科が、二〇一〇年度には原子分子材料科学高等研究機構（WPI―AIMR）やグローバルラーニングセンター（GLC）などが参加するようになった。

参加者も、一九九九年度に六三三〇名であったものが、冒頭に記したように今回は六万名を超え、右肩上がりに増加してきた。なお、ここで参加者とは、部局単位で数えた参加者の総和であり、一人が複数部局を訪問すれば、複数部局でカウントされることになる。

朝日新聞社が毎年出している「大学ランキング」には、オープンキャンパスへの参加者数のランキングが出ている。その情報も表の中に入れた。これによると、本学への参加者は、最近は常に五位以内であり、国立大学に関しては、ダントツの一位である。

なお、二〇一三年度以降は、次のような原則で開催日を決めている。すなわち、「月曜日及び金曜日を除く七月最後の連続する平日の二日間で開催」としている。この原則に当てはめると、二〇一六年度は七月二七・二八日（水・木）の二日間となる。

本学のオープンキャンパスは、北関東から東北地方

回数	開催日	曜日	参加者数（全部局）	参加者数ランキング	備考（参加部局等）
	1982 年～	—	—	（注 1）	工学部の金属系 3 学科
	1995 年～	—	—		工学部全 17 学科
	1997/8/1	金	不明		工・理・薬学部
	1998/7/30-31	木・金	不明		工・理・薬学部
1	1999/7/29-30	木・金	6,330	不明	以降、全 10 学部参加
2	2000/7/31-8/1	月・火	9,468	不明	
3	2001/7/30-31	月・火	11,450	不明	
4	2002/7/30-31	月・火	13,439	不明	
5	2003/7/30-31	水・木	18,121	不明	図書館参加
6	2004/7/29-30	木・金	21,956	不明	5 つの独立研究科等が参加
7	2005/7/28-29	木・金	24,356	6 位（1 位）	ランキングでの参加者数は 19,167 名
8	2006/7/27-28	木・金	27,331	4 位（1 位）	
9	2007/7/30-31	水・木	36,376	5 位（1 位）	
10	2008/7/30-31	水・木	41,448	4 位（1 位）	医工学研究科参加
11	2009/7/30-31	木・金	45,921	4 位（1 位）	
12	2010/7/28-29	水・木	51,766	2 位（1 位）	WPI・GLC 参加（注 2）
13	2011/7/27-28	水・木	47,213	4 位（1 位）	学際科学高等研究機構
14	2012/7/30-31	月・火	57,445	1 位（1 位）	
15	2013/7/30-31	火・水	61,631	2 位（1 位）	ボランティア支援室参加
16	2014/7/30-31	水・木	55,147	3 位（1 位）	学習支援室参加、図書館不参加
17	2015/7/29-30	水・木	60,411	3 位（1 位）	図書館再参加、特別支援室参加
18	2016/7/27-28	水・木	64,448	3 位（1 位）	（注 3）
19	2017/7/25-26	火・水	65,958	3 位（1 位）	キャリア支援センターが参加、UH 紹介ブースの開設
20	2018/7/31-8/1	火・水	68,226	3 位（1 位）	

の多くの高校の恒例の行事として位置づけられている。また、高校生のみならず、その保護者や市民、あるいは小学校や中学校の生徒も参加している。受験者確保の観点から重要と記したが、大学を知ってもらう絶好の機会でもあるのである。次年度以降も工夫を凝らして、いっそう魅力ある本学のオープンキャンパスにできたらと思っている。

（二〇一五年八月一〇日）

（注1）朝日新聞社「大学ランキング」による全国公私立大学中の順位。括弧内の順位は国立大学の中での順位。
（注2）WPIは原子分子材料科学高等研究機構、GLCはグローバルラーニングセンターのこと。
（注3）エッセイ発表時は二〇一五年度までのデータであったが、この表ではその後のデータも加えている。

3　失敗を恐れずに、失敗で学ぶ

本学は、将来科学者や技術者を目指す高校生を対象として、本学教員による講義や研究活動への参加を通じて、将来科学者になる人材として育成しようと、二〇〇九年度から「科学者の卵養成講座」を、国立研究開発法人科学技術振興機構（JST）の支援を得て行ってきた。この事業は、当初三年間の予定だったが、大変好評だったので、終了後も一年の延長を二回繰り返し、結果的に五年続いた。

この事業を強力に推進してきたのは、工学研究科A先生、理学研究科のKo先生やKu先生、農学研究科のW先生やI先生、そして生命科学研究科のHg先生やHd先生である。これらの先生方の献身的な取り組みがなかったら、ここまで注目されなかったに違いない。

この間、全国の大学でも同じような取り組みが行われ、好評を博したのであろう。二〇一四年度から再びJSTが、「グローバルサイエンスキャンパス（GSC）」なる事業を企画した。本学もこれまでの取り組みの進化版である「飛翔型『科学者の卵養成講座』」

を申請し、採択された。この事業には大型と小型の二つのカテゴリがあったのだが、本学は二つの大学だけが採択された大型計画として採択された。ちなみにもう一つの大学は京都大学である。

この事業では東北・北関東地区が中心であるものの全国から参加高校生を募集し、科学研究を行うための基礎や研究する力を養成するとともに、本学の学生、中でも留学生との英語での交流や海外研修を通じて、国際的な視野を広げる活動も行うこととしている。

参加を希望する高校生は、自己推薦で申請してもらうことになっている。本年五月の受講生募集には、東北地方の各県をはじめとして北海道から兵庫県まで、九〇名の募集人数の枠に三倍近い応募があった。そのため、募集枠を上回る一〇〇名を受講者として選抜した。

そしてこの六月二七日の土曜日に、本学青葉山キャンパスの工学研究科中央棟2階の大講義室で、飛翔型「科学者の卵 養成講座」の開講式、ならびに第一回特別講義を開催した。

この事業の取り組み代表者であるA先生から、激励の挨拶をしてほしいと頼まれたので、午後の講義の開始前の時間をお借りして、「失敗を恐れずに、失敗で学ぶ」として少しの時間話をした。以下はその話のあらましである。いつものように「である体」で記す。

本「飛翔型『科学者の卵養成講座』」に参加していただいたことに感謝申し上げる。この事業は今年から始まったものであるが、前身である「科学者の卵養成講座」は五年間続いた。講座には多くの高校生の皆さんが全国から集まり、本学の先生方や学生諸君との交流の中から科学をすることについて大いに学んだと思う。

そのような中から、多くの方が本学に入学している。今日の開会式や講義を手伝ってくれている学生諸君は、「科学者の卵養成講座」で学んだ皆さんの先輩である。皆さんも大いにこの講座で学んで、そして本学への進学を考えてほしい。

さて、いい機会なので、「失敗を恐れずに、失敗で学ぶ」という話をしたい。今日の授業では途中で実験をしてもらうとお聞きしているが、失敗を恐れずチャレンジしてほしい。もちろん、最終的に成功すべきなのだが、一般に成功からは学ぶことは少ないのである。

実は、実験などでは、成功してもなぜ成功したのかは分からないのである。ところが、失敗したら、そのようなやり方ではダメだということが明瞭に分かるのであり、その意味で一歩前進できるのである。このような失敗を繰り返す中で、失敗の理由が数多く集まって、逆に成功するための重要なポイントが浮かび上がってくるのである。まさに失敗から学べるのである。

大学における研究は、ほとんどの場合、失敗の連続の中から生まれている。研究者は、繰り返す失敗にもめげずに、なぜ失敗したのかをとことん追求し、そして再びチャレンジすることで成功へとたどり着けることを知っている。皆さんも、この講座では、失敗を恐れずに、失敗で学んでほしい。

（二〇一五年九月一〇日）

4　七大戦第一回大会のときの本学応援団

本学が主管となった第五四回全国七大学総合体育大会（通称七大戦）が幕を閉じた。本学が優勝して三連覇を成し遂げたので、学生支援を担当する私としてはほっとしているところである。次はどの大学も未到の四連覇へ、学生諸君にはぜひ挑戦してほしいものである。

さて、七大戦の第一回は一九六二（昭和三七）年に、北大が主管となって行われた。同じく北大が主管となった二〇一一年の第五〇回大会で、クラーク会館の前に七大戦の記念碑が建立された。このとき、第一回大会の実行委員会の方々が招待された。以来、この方々は毎回、開会式に招待されている

今年の開会式は七月四日（土）に萩ホールで開催された。第一回実行委員会の方々一〇名ほどの皆さんも出席された。本学の第一回のときの体育部委員長は、現在東京にお住いの佐藤辰夫さんである。後日、佐藤さんからお礼のメールが、私と体育部長であるＮｇ先生、大会実行委員会委員であるＮｋさんに届いた。

メールの一節に、第一回当時の本学応援団に関する記述があった。以下にそれを紹介したい。

「先日は盛大な第五四回全国七大学総合体育大会開会式に、お招きいただきまして、誠に有り難うございました。八順目の一回目、第五〇回札幌大会の、『茲に始まる』の記念碑除幕式以来顔を出させていただいております、第一回大会の面々、口をそろえて、『最も充実した開会式・レセプションであった』との評価を二次会の席上でもいただきました。

特に開会式での『応援団のパフォーマンス』は秀逸で、皆さんの評価を得ました。第一回大会に間に合わすべく私設応援団の如き、草創期の応援団で後輩仙台二高の団長だった桜井君に団長を任せ、ラグビー部・柔道部・剣道部から数人ずつ、別に所属していた『茶道部』から数人と、男子だけの一五人ほどを中核に丁度入学してきた弟を副団長にし、かなり無理して調達した活動費を預け、発足したものでした。一時は本当に少数になったと聞いたこともありましたが、本当に立派になったと思います。感激です。」

本学応援団の創立は公式には一九六三年である。このメールをもらうまでは、第一回大会時は応援団がなかったので応援はなかったものと思っていたが、「私設」応援団が急遽作られていたようだ。翌年になって第一回大会の有り様を見た当時の総長黒川利雄先生が、本学公式応援団を作られたのであろう。

ところで、佐藤さんからは今年初め、東北大学応援団が制作したLP「懐かしき二高の歌」をCDに収めたものを頂いていた。ジャケットのコピーも同封されていた。歌詞が書かれている裏面に、「製作責任者第四代団長　佐藤明吉」と記載されていた。先の佐藤さんのメールにある佐藤さんの弟さんであろうと推察している。

ここでこのLPを紹介しておく。A面には、第二高等学校々歌「天は東北」、対工高戦凱歌「肥馬鞭打たせゆるかにも」、対一高競漕応援歌「鷗や春の歌のせて」が収められている。B面に収められているのは、明善寮分散歌「踏みわけてたどる」、尚志会々歌「青葉山万古にしげく」、東北大学学生歌「青葉萌ゆるこのみちのく」である。

このLPには、PLP－1048と番号が付されているが、どのレコード会社で何枚作られたのかは不明である。また、このLPが製作された経緯も不明である。そのうち、佐藤さんにお聞きしたいと思っている。
さて、七大戦に合わせ、毎年応援団の演舞会も行なわれる。今年は八月一八日（日）に萩ホールで開催された。名古屋大学は事情により出演しなかったが、残り六大学応援団による演舞を鑑賞することができた。本学の応援団は、今年二五名もの新入生を迎え、その迫力たるや、他大学を圧倒するものであった。佐藤さんのメールにあるように、今年の本学応援団は文句なしに七大学一である。

（二〇一五年一〇月一〇日）

5　学生諸君への新聞購読の勧め

本学の教育の質をより向上させる目的で、二〇一四年四月に、高度教養教育・学生支援機構を設置した。この機構は、高等教育開発推進センターを核とし、それまでプロジェクトを走らせるために設置した国際教育院、グローバルラーニングセンター、高度イノベーション博士人財育成センターを統合し、さらに国際交流センターと教養教育院も加えた組織である。本学の教養教育を中心的に担い、学生支援を充実させ、さらに本学学生の留学派遣や留学生の受け入れを一体となって推進することを狙ったものである。

この機構に、外部の方からの意見をお聞きしたいということで、高度教養教育諮問会議を設けることとした。産業界、メディア、地方行政、高校教育界、保護者、学部学生、大学院生、留学生などから、幅広く意見を聴取し、機構の活動に反映させることが目的である。この九月二九日（火）の午後に、機構発足後初めての会議を開催した。

今回は、「東北大学でどのような学生を育ててほしいか」と、「教養教育として何を求めるか」への意見をお聞きした。委員の方々から、多くの有益な意見がでて、とても有意義な会合になったものと思っている。今後、これらの意見を受けて、本機構の活動を益々よりよきものにしようと決意を新たにしている。

さて、意見の中に、新聞社に勤める委員の方から、「学生に新聞を読ませてください」というものがあった。新聞社に勤めているからということではもちろんなく、「社会観」をもたないで社会に出てくる人が多すぎるのを嘆いてのことであった。社会観をもつためには、まずは新聞を読むことだという主張である。

ここでいう社会観をもつとは、どのような社会を望ましいと思うか、したがって今の社会がどのような課題を抱えているのか、望ましいと思う社会にするためにはどうすればいいのか、そのような問題意識をもっているということである。このような社会観を醸成するためには、まずは新聞を読むことが第一歩だとの主張である。会場にいた委員、我々機構側の参加者、陪席した事務部の皆さん、全員がこの方の意見に賛同したのではなかろうか。

確かに新聞を購読している学生は、一昔前と比べると激減しているのではなかろうか。新聞の購読料は三〇〇〇円を超える。一方で、パソコンやスマホからインターネットで記事を読むことができる。そのような背景もあり、新聞を購読する人が少ないのだろう。

しかしながら、インターネットで読む記事と新聞で読む記事では、記載内容は同じでも得られる情報は異なっている。インターネットでは、どれもこれも同じスタイルで同じフォントの大きさで目に飛び込む。一方、新聞では、記事の長さに関わらず、新聞社が大事だと思う記事は大きな見出しで、目立つところに配置され、そうでない記事は、片隅で場合によっては小さなフォントで印刷される。このようなことから、その新聞社が判断した記事の重要度を推し量ることができる。また、インターネットはこちらからアクセスしたものしか目に入らないが、新聞ではその紙面の多くの記事が、否が応でも目に入ってくることになる。こんなところも大きな違いである。

新聞の購読を私も勧めたい。購読料三〇〇〇円は得られる情報量やその質に比べると、とても安い。日本で、あるいは世界で何が起こっているのか、それはどのように解釈できるのか、それを識者たちがどう理解しているのか、新聞社や記者がどう考えているのか、多面的な意見をそこから得ることができる。もちろん、新聞社によって立場は異なり、出来事に対する評価に差異はあるのだが。

さて、社会観の醸成のためなどと肩肘張る必要はなく、ただ新聞には面白いことがいっぱい書いてあるというスタンスで、日ごろ新聞に触れてくれたらと思う。

（二〇一五年一〇月一〇日）

6　ある育英会の活動

先ごろ、ある育英会の創立九〇周年祝賀会に招待された。この育英会は、毎年指定された九つの大学に所属する約一〇〇名（一学年あたりでは約二〇名）の学生に、貸与型の奨学金を与えている。貸与額は大した額ではないのだが、人気がある奨学制度だという。この育英会は毎年いろいろな行事を行っており、大学を卒業した先輩も含め、奨学生間のつながりがとても強いのだそうだ。祝賀会での私の挨拶ではこのことに触れ、人と人とのつながりを大事にするユニークな活動に感銘を受けたことを述べた。

以下、挨拶の大要である。いつものように「である体」で記す。

私は教育・学生支援・教育国際交流担当の理事をしているが、出身は本日司会をしているFさんと同じ、理学研究科の地球物理学専攻である。Fさんは地震学研究室、私は海洋物理学研究室と隣り合わせの研究室であった。

さて、本日は本育英会創立九〇周年東北支部祝賀会にご招待くださり、感謝申し上げる。

私が招待された理由は次のようなことだと思っている。この八月二三日（日）に、本学で、ある研究会が開催された折、本育英会の支部長されているK先生も、そして私も招待されて講演を行った。また懇親会にも招待され、そこでK先生とお話ししたところ、今日の記念祝賀会に参加してほしいことを依頼されたのである。

K先生としては、育英会から学生が長年支援を受けてきたので、大学としてきちんとお礼を申し上げてほしい、ということだと思う。そのことは十分に理解できるので、学生支援を所掌する私の当然の役目として、二つ返事で参加することを申し上げた。

そこで改めてであるが、育英会創立九〇周年、誠におめでとう。本学は選ばれた九つの大学の一つとして、これまで長年にわたり一〇〇名を優に超える学生にご支援をいただいたことに深く感謝申し上げたい。

実は私は寡聞にしてこの育英会のことを、K先生からお聞きするまで知らなかった。そして、本育英会は、K先生の話やリーフレットやウェブサイトなどを拝見して、単に奨学金を貸与するだけではなく、実にユニークな活動をしていることを知った。

私も奨学財団の選考委員などをしているが、通常の奨学財団では贈呈式などはするのだが、奨学生が集まるのはせいぜいその程度ある。その点、本育英会は、一年の間に何回も奨学生と支部のお世話をする人たちが集まり親睦を深めている。仙台でも、新入生歓迎会や芋煮会を開催したりしているとお聞きした。また、卒業前には、九大学から卒業する全員が東京に集まって親睦会を開催することとなっているようだ。

これは、とても良いことだと思う。世の中だんだんと複雑になり、個人個人の役割が次第に細分化されてきている。課題がもち上がっても、一人の力ではなかなか解決できないことも多くなっている。このような時代に重要なのは、人と人のつながり、すなわちネットワークであろう。本育英会は、単に奨学金を貸与するばかりではなく、横のつながり縦のつながりを通して人材を育成していること、そしてネットワークを創るところに力を注いでいることに私は感銘を受けた。実際、本育英会から支援を受けた多くの方々が社会で活躍されている。

このような親睦を深める行事を長年続けることはな

かなかできないことであろう。これからもこのような形での人材育成をお願いしたい。

最後に、本育英会が今後ますます発展し、一〇〇周年、そして一五〇周年、二〇〇周年と歴史を刻まれることを祈念して、私の挨拶としたい。

（二〇一五年一一月一〇日）

7　二〇一五年教育・学生支援関係の主な一〇の出来事

私が所掌する教育・学生支援部では、毎年一二月二八日の午後一番に「仕事納めの会」を行っている。二〇一三年と二〇一四年の会での私の挨拶は、教育・学生支援関係のその年の主な一〇の出来事の紹介であった。二〇一五年の会でも同じ趣向で以下の一〇件を取り上げた。

〈教育・学生総合支援センターの竣工と供用開始〉

旧管理棟の東側に建設中であった標記センターが四月に竣工した。通称東棟と呼ぶ四階建ての建物で、1階に学生支援課が、2階に教務課と留学生課が、3階にはキャリア支援事務室が入った。4階には大会議室と中会議室がある。旧管理棟（西棟）も改修され、1階に構内清掃を担当している「ぶるーみん」の人たちの控室や倉庫が、2階に学務課と理事室や部長室が、3階にはグローバルラーニングセンターの教員室が配置された。この整備で教務課と留学生課が同じ階になったことは画期的で、今後の事務体制の再編に向けての大きな第一歩となった。

〈仙台地下鉄東西線の開業と駅前モールの整備〉

一二月六日（日）、待ちに待った地下鉄東西線が開業した。同時に、市バスや本学が運行する学内バスが再編された。学生の利用は年度の途中ということもあり、大きくは地下鉄に流れていないようだが、時間が経つにつれて学生の利用者が増えるのではないだろうか。また、川内駅が、川内北キャンパスの北側の川内郵便局向かいにできたことで、周辺の整備が市の補償費用や大学独自の費用で大いに進んだ。講義棟A・B・Cと、川北合同研究棟・理科実験棟の間は、モールとして整備され、自転車やバイク、そして車がまったく入らない空間となった。とても素晴らしい空間で、早く青葉の季節にならないかなと、期待している。

〈七大戦三連覇など学生の課外活動での活躍〉

主管校として迎えた全国七大学総合体育大会（七大戦）で総合優勝し、三連覇をなし遂げた。また、人力飛行部Windnautsは、人力プロペラ機ディスタンス部門で大差をつけて優勝した。一方、アメリカンフットボール部のHornetsは、東北リーグで優勝し、北日本王座決定戦で北海道大学を破った。東日本代表校決定戦では、早稲田大学に20対10で敗れたが、大健闘であった。その他、体育部や文化部に所属する多くのサークルが大活躍した。

〈学生生活支援審議会の設置〉

学生支援審議会と学生生活協議会を統合した「学生生活支援審議会」をこの四月に設置した。学生の生活全般にわたる支援に関し、大学のさまざまな組織がより緊密な連携を取ることができる体制となった。また、二つの委員会が一つになったことで、部局の負担も軽減されたのではないかと思っている。

〈東北大学学位プログラム推進機構の設置〉

本学のスーパーグローバル大学創生支援事業（SGU）である「東北大学グローバルイニシアティブ構想」（TGU）が採択され、国際共同大学院が設置されることになった。その先陣は「スピントロニクス国際共同大学院」であり、この四月に発足した。一方、博士課程教育リーディングプログラムが二つ走っており、さらに本学独自の施策で「国際高等研究教育院」も動いている。これらを束ねるものとして、四月に「東北大学学位プログラム推進機構」を発足させた。この機構の発足により、様々な学位プログラムを効率よく運用できる体制が整ったことになる。

〈教育システム改革の進行〉

学務審議会を中心に教育システム改革が順調に進んでいる。正式な運用開始は次年度であるが、GPA(Grade Point Average)制度と授業科目ナンバリング制度を導入することが決まった。また、シラバス(授業概要・授業計画書)記載事項も、一五回の講義すべてを記載することや英語でも表記するなど、より充実した内容に改めることを決め、これも次年度から導入される。また、学事暦の柔軟化やクォーター制の導入についても引き続き議論が続いている。

〈AO入試学生定員を30%へ〉

本学はAO入試を他の国立大学よりも先駆けて導入し、その比率もダントツで二〇一五年度は入学定員の約18%であった。人数にすると四三八人である。追跡調査などでもAO入試入学者は成績が良いことが分かっており、AO入試による入学者定員を30%まで増やすこととした。これは次年度から始まる第Ⅲ期中期目標・中期計画の目玉の一つに取り上げられる。次年度AO入試定員は、一五年度より四一名増えて四七九名の募集となり、入学者定員比率は20%となる。

〈川内課外活動共用施設(川内ホール)の着工〉

竣工は二〇一六年度となるが、長年待ち望まれていた新課外活動施設の工事が着手された。四階建ての建物で、ミニホールと音楽系の練習室が多数設けられる。4階には、二五メートルプールが配置される。主に、片平で練習していたサークルが使用する予定である。また、この機会に、建物の名称が変更され、本施設は表題に掲げた「川内課外活動共用施設」で、愛称は「川内ホール」となる。その他の施設もこれを機に変更され、川内サークル部室棟、川内体育館(川内アリーナ)、川内サブアリーナ、川内課外活動共用施設A・Bと呼ぶこととなった。

〈明善寮の禁酒寮へのリニューアル〉

飲酒問題をきっかけにリニューアルしていた明善寮の改修工事が二〇一五年三月に終わり、四月から全面禁酒の寮として再出発した。「全面禁酒寮」のコンセプトは、学生にも保護者にも大変好評で、多くの入寮希望者があった。禁酒はよく守られているようで、その証拠の一つに、昨年まで見られた中途退寮者は、今年は一人も出ていない。このリニューアルは、大成功だったのではなかろうか。

〈青葉山新キャンパスにＵＨ建設が決定〉

生活しながら異文化体験ができるという観点から、現在日本人学生と留学生がともに住む「混住寮」が注目されている。本学は、混住寮でもさらに一歩進めたシェアハウス型混住寮を、これも他大学に先駆けて整備してきた。二〇〇七年度からユニバーシティ・ハウス（ＵＨ）三条を、二〇一三年度からはＵＨ三条IIとＵＨ片平を運用している。現在六八〇室であるが、留学生が急増する中、さらなる整備が必要とされている。今年度この整備計画が確定し、七五〇室程度を青葉山新キャンパスに整備することが正式に決まった。二〇一九年四月からの運用を目指している（注：実際には二〇一八年一〇月から運用が開始された）。

（二〇一六年一月一〇日記）

8　UHアドバイザー制度

先月一九日（火）の夕方、川内北キャンパスの講義室で、「二〇一五年度ユニバーシティ・ハウス（UH）アドバイザー解散式」と、「二〇一六年度ユニバーシティ・ハウスアドバイザー任命式」を合わせて行った。現在の室数は、UH三条、UH三条Ⅱ、UH片平の三つで六八〇室である。本学はUHの他に六つの寮を運用しているが、寮は経済的に困窮している人を入居対象者としている。UHの入居対象者には経済的困窮という縛りは全くなく、たとえ仙台に自宅がある人でも希望すれば入居は可能である。

さて、本学がUHの導入を検討したのは随分と古く、二〇〇一年度のことである。そして実際にUH三条が整備され学生が入居したのは二〇〇七年四月のことであった。UH三条は日本人学生にも留学生にも大変好評で、その後、UH三条ⅡとUH片平を相次いで整備した。また、当初入居期間を一年としたが、これも好評につき現在は二年に延長している。

本学はUHを、異文化理解を促進し、協調性やリーダーシップを涵養する場としての教育施設であると位置付けている。その一環として、入居二年目となる学生の中からアドバイザーとなる人を募集し、新入居者への生活上のアドバイス、入居者間の交流促進と円滑な人間関係構築への努力、ウェルカムパーティやフェアウェルパーティなどのイベントの企画と実施、などをしてもらうことにしている。今年で三年目となるUHアドバイザー制度である。

さて、解散式では二年続けてアドバイザーを務めた六名の学生に、「UHアドバイザー功労賞」を授与した。今回、事務部の発案で初めて設けた賞である。表彰状の文言は、「あなたはUHアドバイザーとして積極的に異文化理解に努め 入居者間交流に励み 入居者の模範としてUHの発展に寄与されました よって ここにその貢献を称え表彰するとともに 今後のさらなる活躍を期待します」というものである。一方、任命式では四七名の学生諸君一人ひとりに、UHへの入居許可書を手渡した。この中には一五名の留学生が含まれている。

私は、解散式ではアドバイザーに対する感謝の言葉を、任命式では新アドバイザーへの期待の言葉を、それぞれ求められた。アドバイザーを卒業する学生に対する感謝の言葉では、苦労しただろうけど様々な力が付いたはずで、それを今後生かしてほしいことを述べた。新アドバイザーとなる学生に対する期待の言葉では、活動を大いに期待するのだけれど、くれぐれも無理はしないでほしいことを述べた。まずは学業をしっかり修めて生活をきちんとすることが一番なので、それらを犠牲にしてまでアドバイザーの仕事をする必要はないということである。

なお、ある新任アドバイザーは、先輩アドバイザーから助けてもらったので、今度は自分がアドバイザーになってお返ししたいとの挨拶をしていた。いい「ループ」ができているようで、私は感激してしまった。

本学はこのUHをさらに整備することとしている。昨年末、青葉山新キャンパスに、今後七五〇室程度の新UHを建設することを打ち出した。ハード面でもソフト面でも、現行のUHよりもさらにいい環境のUHとすべく、現在構想を練っているところである。

（二〇一六年二月一〇日記）

9　話の準備

二〇一六年三月二〇日付の「学生の皆さんへ」のエッセイ、「短時間の発表ほど周到な準備を」の中で、米国第二八代大統領であるT・W・ウィルソン（Thomas Woodrow Wilson、1856-1924）が、短い話ほど用意周到に準備しなければならないと述べていることを紹介した（本書18ページ）。

挨拶の名手である丸谷才一（1925-2012）さんも、頼まれると周到に準備し、原稿を作成したうえで、それを手にもって話をしたことが知られている。確かに、どんなスピーチでも、短く中身の濃い話が一番である。挨拶を頼まれることの多い私も、そうしたいし、そうすべきなのだが、なかなかできないでいる。

さて、上記のウィルソンの話は、外山滋比古さんの著書、『ユーモアのレッスン』（中公新書、2003）で知った。外山さんは次のように書いている。

「トマス・ウッドロー・ウィルソン（アメリカの第二八代大統領）は、歴代の大統領の中でも最も演説がうまかったといわれているが、あるとき、こんなことを言った、と伝えられている。

『二時間の講演なら、いますぐにでも始められるが、三〇分の話だと、そうはいかない。二時間くらい用意の時間がほしい。三分間のスピーチなら、すくなくとも一晩は準備にかかる』」（一三四～一三五ページ）。

このウィルソン大統領が話したという上記の言葉を、今回改めてインターネットで調べていたところ、いろんなバリエーションが存在していることが分かった。

あるブログでは次のような言い回しだった。「一時間の演説なら即座にできる。二〇分のものでは二時間の準備が必要だ。五分のものだと、一晩構想を練らなくては」。

さらに、次のように四段階で表現しているブログもあった。「一〇分のスピーチをするなら、準備に一週間かける。一五分なら三日。三〇分なら二日。一時間のスピーチなら、今すぐに始められる」。

このウィルソンの言い回しを、出展を引用して記しているブログもあった。このブログの著者は、薄田泣菫（すすきだ りゅうきん：1877-1945）の著書から引用したという。そこで、この薄田泣菫の著書をあれこれと探したところ、インターネット図書館である「青空文庫」で、彼の本『茶話』（洛陽堂、1916）の中に収められている「演説の用意」に、この話が紹介されていることが分かった。（この薄田泣菫の「演説の用意」なる記事、とても面白く、著作権が消滅しているというので、追記として全文を掲載した。）

この「演説の用意」と題する話は、もともとは大阪毎日新聞の一九一七（大正六）年一一月一九日の夕刊に掲載された記事だという。これから薄田泣菫が紹介した話をまとめると次のようになる。「一〇分の演説なら二週間、三〇分の演説なら一週間、話したいだけ話していいのなら今すぐにでもできる」。

調べればもっといろんな表現が出てくるのかもしれないがここまでにする。以上を簡単にまとめると次のようになる。

○外山滋比古『ユーモアのレッスン』
　二時間なら今すぐにでも、三〇分なら二時間、三分なら一晩
○薄田泣菫『茶話』
　話したいだけ話すなら今すぐにでも、三〇分なら一週間、一〇分なら二週間
○ブログA（出展の記載無し）
　一時間なら即座に、二〇分なら二時間、五分なら

○ブログB（出展の記載無し）

　一時間なら今すぐにでも、一五分なら三日、三〇分なら二日、一〇分なら一週間

どうしてこう様々なバリエーションが出てくるのだろうか。おそらく原典に当たることなく引用するという、「伝言ゲーム」になってしまっているからであろう。途中で引用の間違いなどが起こっても、そのままになってしまうのではなかろうか。

　ということで、このウィルソンの話を原典に当たろうと思っている。調べが着いたら、この欄で紹介したい。

（二〇一六年四月一〇日記）

〈追記〉

薄田泣菫の『茶話』は、インターネット図書館である青空文庫で読むことができる。URLは以下の通りである。

　http://www.aozora.gr.jp/

その中の『茶話』のURLは、以下の通りである。

　http://www.aozora.gr.jp/cards/000150/files/46616_53817.html

その中から「演説の用意」を引用するが、原文では幾つかの漢字にルビが付してある。彼の独特の言い回しの重要な要素なので、以下の文章では、それらのルビを漢字の次に【　】書きで示すこととする。

演説の用意

　長い文章なら、どんな下手でも書く事が出来る。文章を短かく切り詰める事が出来るやうになつたら、その人は一ぱしの書き手である。ゲエテだつたか、「今日は時間【ひま】が無いから、仕方なく長い手紙を認【したた】める」と言つたが、これは演説にもまたよく当てはまる。

　ウイルソン大統領といへば米国でも聞えた雄弁家であるが、先日【こなひだ】の事、仲の善【い】いある友達が、大統領に対【むか】つて、「貴君は名代の演説上手でいらつしやるが、一つの演説を用意なさるのに、どの位の時間が要りますね。」と訊いたものだ。

何事によらず、素人といふものは出来上る時間を訊きたがるもので、もしか画家【ゑかき】に対つて、何よりも先に、「あなた、この画【ゑ】げになるのに幾日

【いくか】掛りでしたね。」と訊く人があつたなら、その人がどんな美人であらうと、先づ素人だと見て差支【さしつかえ】ない。ウイルソンの友達も、いづれは何を見ても鼻を鳴らして感ずる輩【てあひ】だつたに相違ない。

　ウイルソンは答へた。「どの位の時間といつて、それは演説の長さによる事ですからね。」「いや御尤もの事で。」と質問者【きゝて】はそれだけで何【なに】も角【か】も飲み込めたらしい悧巧さうな顔をした。「してみますと、議会での大演説などは、お支度になかなかお手間が取れる事でせうな。」「いや、さういふ意味ぢやない。」と雄弁家の大統領は上品に口を歪めて笑つた。「一番手間を取るのは、所謂【いはゆる】十分間演説といふ奴で、あれを用意するには、正直なところ二週間はかゝりますよ。」「へい、そんなもので。」質問者【きゝて】は何だか腑に落ちなささうな返事をした。

　大統領は言葉を次いだ。「それから、三十分位の演説だつたら、先づ用意に一週間といふ所です。もしか喋舌【しやべ】れるだけ喋舌つてもいいといふのだつたら、それには準備【したく】なぞ少しも要りません。今直ぐにと言つて、直ぐにでも喋舌れます。」

　素人よ、もしか感心する必要があつたら、演説でも、文章でも、なるべく短いのを選んだ方が無難だ。早い話が、女房【かない】の諷刺【あてこすり】にしても、手短【てみじか】な奴にはちよい／＼飛び上る程痛いのがある。

10　大学の中のセクシャルマイノリティ

二〇一六年九月一七日（土）の午後、川内北キャンパスのマルチメディア教育研究棟（ＭＭ棟）６階の大ホールで、日本学生相談学会と本学高度教養教育・学生支援機構とが共催する大学等教職員セミナー、「大学の中のセクシャルマイノリティ―学生理解と支援のために―」が開催された。

日本学生相談学会の会員六〇名と、東北地区の高等教育教職員六〇名という限られた方たちを対象としたものであり、このセミナーは、「大学カウンセラー」、「学生支援士」資格の研修（領域Ｄ「学生の諸問題」）、および、（財）日本臨床心理士資格認定協会の「臨床心理士」継続研修（３）に該当している。そのため、会員枠で参加された方には、研修証明書が発行される。研修の質を保証するため、受講者数を限定したセミナーである。実際には、定員には満たなかったが、北は北海道から南は九州まで、八〇名を超える参加者があった。

さて、今回のセミナーの目的であるが、日本学生相談学会の企画書では、「セクシャルマイノリティ、特に性別違和の学生が、学生の時期にまた学生生活の中でどのような困難を抱えているのか、大学はどのような支援ができるのか、また、その基盤としての大学の在り方について、講演およびディスカッションを通して共に考える場にしたい」と謳っている。

セミナーはお二人の基調講演から始まった。講演者は、東京大学大学院教育学研究科専任講師の石丸径一郎先生と、著述業で様々な大学で非常勤講師をされており、性同一性障害の当事者である虎井まさ衛先生である。講演後は、「大学の支援について」として事例報告があり、最後にグループディスカッションと全体討論が行われた。

私はこのセミナーで、石丸先生と虎井先生の講演を聞かせていただいた。石丸先生は、ご自身の研究を基に、ＬＧＢＴに関する基礎的な事項の紹介から、勤務先の東京大学の活動例まで話してくださった。東京大学では学生の正式な届出サークルがあること、同窓会組織や教職員の団体もあること、今後、研究連携機構の中にＬＧＢＴＱセンターを作りたいことなどを講演して下さった。サークルに加盟している学生は現在一四〇名とのことである。本学もＬＧＢＴ関連のサークルがあるとは聞いているが、大学に届けは出されていない。

　ご自身がトランスジェンダーで、性適合手術を行った虎井先生のご講演は、本人の幼児期からの体験、そして、成長するにつれて生じた出来事と、そのときにご自分が考えたことを中心に、話してくださった。虎井先生は講演を数多くこなされているのであろう、先生の考えがストレートに伝わる話であった。

　なお、講演後、お二人の話は、本学の学生や教職員にも有益なものであるので、ぜひお二人を再度お招きして講演会を開催することをこのセミナーを企画した学生相談所のY先生へお願いした。虎井先生にも講演していただけるかお尋ねしたところ、いつでもお呼びくださいとのことであった。ぜひ近いうちに実現したいと考えている。

　なお、このセミナーでは、共催した高度教養教育・学生支援機構の機構長として、私は大要次のような挨拶を行った。いつものように「である体」で記す。

　本日の大学等教職員セミナー「大学の中のセクシャルマイノリティ―学生の理解と支援のために―」に、多くの皆様方に参加していただいた。主催者側として感謝申し上げる。

　本学は一九〇七年の開学以来、「門戸開放」を謳っている。一九一三年には、我が国で初めて女子学生を三名入学させた。その後も、留学生をいち早く入学させたり、高等専門学校卒業生も帝国大学としては初めて受け入れたりと、門戸開放の先頭を走ってきた。

　この門戸開放を、本学は現在でもこれを理念として標榜している。それでは現在の東北大学にとっての「門戸開放」とはどんな意味があるのだろうか。

　門戸開放の現代的意義に関する私の解釈は、「本学に学びたい人は誰でも、そして本学で働きたい人は誰でも、快適にかつ安全に安心して学習できる環境、そして働くことのできる環境を整備すること」、これが門戸開放ではないかと思っている。健常者のみならず、身体に障害があっても、精神に障害があっても、また、ＬＧＢＴの方でも、快適で安全に安心して過ごすことのできる環境を整備し、誰に対しても門戸を開放することが、本学が標榜する門戸開放の現代的意義なのではと思っている。

　では、このような人たちに環境が十分整備されているかということだが、残念ながらまだまだ、と言わなければならない。私たちの理解も正直進んでいない。いろいろな方たちに対して、具体的などのような課題があり、どう対応するのかを明快に分かっているわけではない。

とはいうものの、ほんの少しではあるが、前進したところもある。一昨年になるが（二〇一四年六月六日）、スタートレックのミスター・カトー（ヒカル・スールー）役で有名な日系俳優、ジョージ・タケイさんが本学をパートナーとともに訪れ、ご自身の経験やカミングアウトした理由、信念に従って生きることの大切さなどについて講演して下さった。学生のみならず、多くの教職員が参加した講演会であった。

また、今年になって、川内北キャンパスにある多目的トイレを、空いているときは誰でも使用できる「みんなのトイレ」として位置付けた。本学では従来から「多目的トイレ」と位置付けていたが、表示は身障者を示す車椅子のマークであった。そこで、緑色の大きな字で「みんなのトイレ」と表示した。その後誰でも使えるというので、大変良かったとの声を聴いている。

今日のこのようなセミナーは、ＬＧＢＴの理解を深めるために極めて重要なものと思っている。今日は石丸径一郎先生と、虎井まさ衛先生に基調講演をしていただくことになっている。両先生の話に大いに学びたいと思っている。どうかよろしくお願いしたい。出席された皆様には、本日のセミナーが有意義なものとなるよう、活発なご議論をお願いしたい。

（二〇一六年一〇月一〇日）

11　二〇一六年教育・学生支援関係の主な一〇の出来事

毎年一二月二八日の午後に行われる本学本部事務機構、教育・学生支援部の仕事納めの会では、その年の一年を振り返り、主な一〇の出来事を話すことにしている。もちろん、個人的な想いがいっぱい詰まった一〇の出来事であるので、聞いている事務職員の方にはくれぐれも私個人の立場からのものです、と断っている。バイアスのかかった話であるが、それでも、職員の方からは、「今年の主な一〇の出来事を楽しみにしています」と言われることもある。仕事納めの会でのこのような話は、就任二年目の二〇一三年から始めたので、今年で四回目となる。以下、簡単に紹介したい。

〈クォーター制導入決定と移行への準備〉

二〇一四年九月以来、全学にプロジェクトチームを設置して議論していた標記クォーター制の試行的導入が承認され、二〇一七年四月開始に向けた準備が進められた。学生の正課外学修の充実、教員の時間配分の柔軟化による教育や研究の強化、そして留学がしやすくなることから、大学の国際化推進に資する学事暦の柔軟化と位置付けている。授業科目は従来通りのセメスター運用を続けるものもあるが、半数を超えるものがクォーター科目となる予定である。

〈東北大学ＭＯＯＣの活動開始〉

参画が他大学より遅れたが、二〇一六年度より本学もＭＯＯＣに参画することを決め、二講座の二月からの開講に向けて準備が進められた。本学のＭＯＯＣはシリーズ化することとし、最初に「東北大学サイエンスシリーズ」と「東北大学で学ぶ高度教養シリーズ」を、後に「東北大学最先端研究シリーズ」を開講することとしている。

〈授業録画配信システムの試行開始〉

川内北キャンパスの講義棟Ａ・Ｂ・Ｃとマルチメディア棟の講義室にウェブカメラを設置し、すべての授業科目を録画し自由に配信できることとなった。一〇月から試行的な運用が始まり、二〇一七年四月からは本格実施となる。学生にとっては復習や休んだ時の補習のために、先生方にとっては授業技術向上のためになどと、多くの有益な使い方が可能となる。

〈多様な入試の推進とＡＯ入試拡大に向けた入試センターの体制整備〉

「グローバル入試」と「国際バカロレア入試」が新しく実施されることとなり、本学の入試は今まで以上に多様な形式で行われることとなる。また、本学の第Ⅲ期中期目標・中期計画の戦略的目標の一つにＡＯ入試入学者定員の30％化を挙げているが、そのため入試センター教員の増員を図った。高校の進学校で進路指導等を経験された先生方を特任教授で雇用し、作題の支援や広報、入学前学習の指導に携わっていただいている。

〈川内ホールの竣工と利用開始〉

二〇一一年三月の東日本大震災後に建設が決定されていたが、種々の要因で遅れていた川内ホールがようやく四月に竣工し、夏から供用が開始された。１・２階は主に合唱や演劇などの文化系サークルの練習場が、３階が剣道場や筋力・体力向上のための部屋が、４階には二五メートルの加温可能なプールが設けられた。このホールの完成で、片平地区を活動拠点にしていた多くのサークルが、この川内地区に移動することになる。

〈課外活動施設整備の促進〉

前項に加え、二〇一三年から始まった第Ⅱ期全学的教育・厚生施設整備経費により、評定河原グランド、川内北キャンパスの運動場・野球場の改修整備が行われた。特に川内運動場は人工芝化され、アメリカンフットボール、ラグビー、サッカー、ラクロスなどの練習や試合が天候にあまり左右されずできるようになった。七大学の中では本学だけが未整備であった人工芝グランドをもつことができ、ほっとしているところである。

〈七大戦と鳥人間コンテストは連覇ならずも、学生は大活躍〉

残念ながら、七大戦は四連覇を、Windnauts は連覇を逃した。しかし、例年のように学生の皆さんは大活躍の年であった。アメリカンフットボール部 Hornets

は、昨年に続きが甲子園ボウル東日本決勝戦に進出した。決勝では早稲田大学に負けたものの、大健闘である。その他の運動部系サークルも、文化系サークルも、大いにその力を発揮してくれた。

〈青葉山にＵＨの建設が正式に決定〉

本学は現在六八〇室のユニバーシティ・ハウス（ＵＨ）を運営しているが、これに加え、七五二室のＵＨを青葉山新キャンパスに建設することが正式に決まった。入札も行われ、夏には建設・運営業者も決まり、現在詳細設計中である。二〇一七年春から建設が始まり、二〇一八年夏に竣工、同年一〇月から入居が開始される。新名称は「ＵＨ青葉山」となる。また、震災後建てられた応急仮設住宅の本設化も行われる。いくつかの応急仮設住宅はＵＨとして運用されることも決まった。

〈受け入れ留学生が二〇〇〇名を突破〉

本学の受け入れ留学生数は、二〇一一年三月の東日本大震災で大きく減少したが、その後緩やかに、そして最近は急激に増加している。二〇一六年五月一日現在の留学生数は一九四四名であり、昨年同時期より二八一名、率にして17％の増加であった。七大学の中では絶対数は少ないものの、増加率はダントツに高い。さらに一一月一日現在の留学生は、二一〇〇名を超えるまでになっている。

〈障害者差別解消法の施行とその対応〉

四月一日より、通称「障害者差別解消法」が施行され、障害者には合理的配慮を行うことが義務化された。本学は、三月に「国立大学法人東北大学における障害を理由とする差別解消の推進に関する規定」を制定し、学生生活支援審議会の議論に基づき、四月に「障害のある学生への支援に関するガイドライン」を制定した。さらに一〇月には、対応の手順・手続きを示した「修学上の合理的配慮の提供に関する対応について」をまとめ、公表した。学生相談・特別支援センター特別支援室では、障害者の対応に加え、バリアーフリーマップの制作や、学生ボランティアの育成なども行ってきた。

（二〇一七年一月一〇日記）

12　次世代火山研究者育成プログラムの開校式

二〇一七年二月一一日（土）の午後、本学理学研究科合同C棟の2階にある青葉サイエンスホールで、標記開校式が行われた。本年度から始まった文部科学省の事業「次世代火山研究・人材育成総合プロジェクト」の中の一つ、「火山研究人材育成コンソーシアム構築事業」の開校式である。

本事業の採択機関は本学で、大学院理学研究科・地球物理学専攻・固体地球物理学講座の西村太志教授が、実施責任者となっている。このコンソーシアムには、申請書を提出した段階で、本学の他に、北から北海道大学、山形大学、東京大学、東京工業大学、名古屋大学、京都大学、九州大学の八大学が、その後、神戸大学と鹿児島大学が加わり、現在は一〇の大学が参加している。

これまで火山学分野の人材育成のための教育は各大学で独立して行っており、言わば各大学で閉じたものであった。そのため、教育内容は狭い範囲に限られざるを得なかった。それを打破するため、多くの大学が参加したコンソーシアムを作ることで、各大学がもっている教育資源を有効に活用し、学生に対し火山に関する総合的で俯瞰的な理解力をつけることを目指している。博士課程教育リーディングプログラムなど多くの教育プログラムが走っているが、火山という一つの学問領域でこのような教育プログラムが出現したことは画期的なことである。この事業の成果を大いに期待したい。

さて、私は採択機関の代表として、開校式冒頭での挨拶を頼まれた。以下にその大要を記す。いつもと同じく「である体」で記す。

次世代火山研究者育成プログラム」の開校式にあたり、火山研究人材育成コンソーシアム代表機関である東北大学を代表して、一言挨拶したい。

すでに二年半前となる二〇一四年九月二七日（土）、午前一一時五二分、長野県と岐阜県にまたがる標高三〇六七メートルの御嶽山が突然噴火した。この火山爆発で、頂上付近にいた登山者、未だ行方不明の方五名を含む六三名の方が、尊い命を落とされた。

文部科学省はこのことを踏まえ、「火山災害の軽減に資する火山研究の推進、広く社会で活躍する火山研究人材の裾野を拡大するとともに、火山に関する広範な知識と高度な技能を有する火山研究者となる素養のある人材を育成すること」を目的として、今年度から「次世代火山研究・人材育成総合プロジェクト」を立ち上げた。

この事業は、火山研究の事業と人材育成の事業の大きく二つに分けることができる。本学が代表機関となって行うのは人材育成の事業で、正式名称は「火山研究人材育成コンソーシアム構築事業」である。

この事業では、大学院修士課程学生を中心に、火山学の広範な知識と専門性、研究成果を社会へ還元する力、社会防災的な知識を有する、次世代火山研究者を育成することである。そのため、コンソーシアムに参加する大学の火山学関連の講義や実習を体系化し、国内外の活動的火山におけるフィールド実習、先端的火山研究や、工学・社会科学のセミナーなどを提供し、一定の要件を満たした人には、修了証を授与することになっている。

今回、第一期生として、北海道大学、山形大学、東京大学、東京工業大学、名古屋大学、京都大学、神戸大学、九州大学、鹿児島大学、そして私たち東北大学の、一〇の大学から、合計三六名の皆さんが入校することになった。

皆さんが所属する大学におけるカリキュラムをこなしつつ、さらに本事業で提供される授業科目を学修することは、簡単にできるものではなく、相当の努力をして初めて達成できるものであろう。入校された皆さんは、本事業の趣旨を理解し、これにチャレンジしてくださった。皆さんのその高い志に、心より敬意を表したい。

さて、このプロジェクト全体のリーダーは、東京大学名誉教授の藤井敏嗣先生であるが、先生は常日頃、火山研究者は『四〇人学級』と話されている。日本における火山研究者は、まさか四〇人ではないだろうが、とても少ないことを強調されているのだろう。

日本はユーラシア大陸の東側に位置し、沈み込む海洋プレートの上に存在する。日本の東北部は、まさに火山フロントをその内部に抱えている。むしろ、火山があったからこそ、今の日本の地形が出来たとも言えるではなかろうか。

私たちは、活発な火山活動とこれからも共生していかなければならない。共生のためには、火山噴火を科学的に理解し、火山噴火の予知を目指し、そして火山噴火の影響を最小限に抑える防災・減災の対応をとる必要がある。このためには、火山研究に携わる多くの方を必要としている。

この「火山研究人材育成コンソーシアム構築事業」は、まさにこの目的のために構想された。東北大学は、コンソーシアム代表機関として、本事業が成功するよう最大の支援を行うつもりである。

最後に、本日は入校生の皆さんにとって特別の日となることであろう。皆さんが積極的にこのプロジェクトの中で研鑽を積み、ゆくゆくは大学を含む研究機関、国や地方自治体、そして産業界などのそれぞれの場で活躍されることを期待している。入校された三六名の皆さんへの期待を申し上げて、私の挨拶としたい。本日は誠におめでとう。

（二〇一七年三月一〇日記）

13　初めてのリーディングプログラム修了式

二〇一七年三月二七日（月）の午後、工学研究科中央棟の会議室で、本学では初めてのリーディングプログラム修了式を行った。

リーディングプログラムとは、文部科学省が進めている「博士課程教育リーディングプログラム」事業のことで、二〇一一年度から走っている。本学は、二〇一二年度と二〇一三年度にそれぞれ一プログラムの計二プログラムが採択された。全国では本学の二プログラムも含め、六二のプログラムが走っている。

今回、二〇一二年度に採択された「グローバル安全学トップリーダー育成プログラム」に、二〇一三年四月に博士課程前期二年の課程（いわゆる修士課程）二年次として入学した学生のうち、九名がリーディングプログラムを修了し、合わせて所属研究科の博士論文の審査にも合格したのである。実は一〇名の学生がリーディングプログラムの修了認定を受けたのであるが、一名が博士論文のまとめが遅れて、この秋に論文提出が延びたのであった。

私は理事になった初年度である二〇一二年度に、このリーディングプログラムの申請の仕事に携わった。二〇一一年度は、前総長のときであり、本学から申請した課題は、ヒアリングには残ったものの、実は一件も採択されていなかった。そのようなこともあり、どうにかして採択までもっていきたいと、かなりの努力をしたつもりであった。その時以来、もう五年も経つとは、時の流れの何と速いことだろう。

さて、修了式で私は、学位プログラム推進機構リーディングプログラム部門の部門長としてお祝いの言葉を述べた。以下にこれをそのまま記す。

【お祝いの言葉】

東北大学　学位プログラム推進機構・リーディングプログラム部門の部門長として、二〇一六年度　東北大学 リーディングプログラム部門の学生修了式を挙行するにあたり、一言お祝いの言葉を申し上げます。

本日、東北大学　博士課程教育リーディングプログラム、「グローバル安全学トップリーダー育成プログラム」を修了された理学研究科の四名の皆さん、工学研究科の五名の皆さん、プログラムの修了、誠におめでとうございます。

また、本プログラムをここまで導き、運営をしてこられたコーディネーター湯上浩雄先生をはじめとする諸先生方、第一期修了生を迎えて、さぞ感慨もひとしおだろうと推察しております。本日の修了式の挙行をお喜び申し上げます。

さて、今回修了された皆さんは、二〇一三年の四月、修士課程二年次学生として本リーディングプログラムに入学された第一期生であります。プログラムの理念や目標、そしてカリキュラムが提示されていたとはいえ、ロールモデルとなる先輩が一人もいない中でのプログラムへの参加ということで、大きな不安が胸中をよぎったものと思います。

しかしながら皆さんは、すべてが手探り状態であったとは思いますが、同期の仲間とともに、そして後輩とともに、大いに勉学に励み、プログラムが求めるカリキュラムをこなしてきました。そして、昨秋行われたリーディングプログラム部門の最終試験に無事合格し、修了認定を受けることになりました。研究科・専攻における通常の大学院カリキュラムの他に、プログラムのカリキュラムもこなすという皆さんのこれまでのご努力に、深く敬意を表します。皆さんは、先週二五日に行われた学位記授与式において、その冒頭に「グローバル安全学トップリーダー育成プログラムを修了し」と記された学位記を、万感の思いもって受領されたことと思います。

さて私は、先週のことですが第二期生であるS君から電子メールで、この修了式の後に行われる『G-Ssfety修了生祝賀会』への招待を受けました。このメールには、総長にも出席をお願いしてくださいとの要請もありました。残念ながら、総長は本日東京出張が入っており、私もこの後すぐに会議がありますので、出席は叶わないのですが、S君からのメールには実に素晴らしいことが述べられていましたので、ここにその一部を紹介させていただきます。

「身勝手なお願いとは承知しておりますが、先生から里見進総長に本イベントについてお声がけいただけると幸甚に存じます。というのも、本プログラム最初の修了生である先輩方に対して、後輩として我々は大変誇りをもっております。なので、里見総長にも修了生の素晴らしさを知っていただきたいので、失礼を顧みずにこのようにお願いしている次第でございます。」

この内容、なんと素晴らしいことなのでしょう、私は感激いたしました。第一期生の皆さんの素晴らしさが伝わってきますし、また、先輩・後輩の関係がとてもうまくいっていることも分かります。このことを、プログラムの先生方にも知っていただきたく、ここに紹介させていただきました。

ここで私からお願いがあります。この二月二四日に行われた「C-Lab（シーラボ）」研修発表会の場で、湯上浩雄先生からも話がありましたが、ぜひプログラム修了生間のネットワークを構築してください、ということです。皆さんは、プログラムでの数年間、言わば「同じ釜の飯を食った仲間」なのです。今後は、皆さんはそれぞれ異なる場所で異なる立場で活動していくことになります。そして幾多の困難な課題と直面するはずです。そのようなとき、ネットワークが大きな力になります。人のつながりこそ、財産なのです。どうか、ネットワークの構築を進めていただくことをお願いいたします。

最後になりましたが、改めて修了生の皆さん、本日は誠におめでとうございました。皆さんはプログラムを離れ、一人ひとりが新しい場所で新たな活動を始めると思いますが、プログラムで培った力を思う存分発揮してくださることを祈念いたしまして、私のお祝いの言葉といたします。

二〇一七年三月二七日

東北大学 学位プログラム推進機構
リーディングプログラム部門　部門長
理事　花輪　公雄

（二〇一七年四月一〇日）

14　八巡目が終わった七大戦
—これまでの記録について—

全国七大学総合体育大会、通称七大戦は今年が五六回目であり、これで八巡目が終ったことになる。主管のときは必然的に有利となるので、主管の経験が等しくないと公平な比較にならない。すべての大学が八回の主管を終えた今回、これまでの大会を振り返り、記録をまとめておくことも面白いのではないだろうか。既にこのような立場から、二〇一七年一〇月二〇日付の「学生の皆さんへ」の欄でも幾つかの記録を示しておいたが、これも含めてまとめておきたい。なお、この詳細な調べは、教育・学生支援部学生支援課の活動支援係の皆さんに行って頂いた。

【総合優勝回数：全五六回】
一位：京都大学一四回、二位：東北大学一三回、三位：東京大学一一回、四位：大阪大学七回、五位：北海道大学と九州大学四回、七位：名古屋大学三回。

【主管破り回数：全二一回】
一位：京都大学八回、二位：東京大学六回、三位：東北大学五回、四位：大阪大学二回。北海道大学、名古屋大学、九州大学はなし。

【主管破られ回数：全二二回】

一位：名古屋大学五回、二位：北海道大学と九州大学四回、四位：東京大学と大阪大学三回、六位：京都大学二回。

表一は、これまでの大会の主管校、優勝校とともに、その大会時の本学の総長名、本学の順位を示したものである。なお、厳密には七大戦は前年度一二月から始まり、九月に終わるのだが、大半の競技は七月から九月に集中して行われるので、その時に総長であった方の名前を書いている。それでも、七月や八月に任期を終えたり、就任したりした総長がおられるので、その時は両名のお名前を記した。

表二は、各大学の優勝した大会とその時の総長名を記したものである。さらに、表三は、総長就任時の優勝回数を示した。

前回まで、総長就任中の最多優勝回数は三回で、四名の総長がおられたが、今年度本学が優勝したことで、里見進総長が単独で最多優勝回数を誇る総長となった。

第五七回七大戦は九巡目の初めての大会で、北海道大学が主管である。大会は既にアイスホッケーが一二月三日から九日までの日程で行われた。本学は今年度の総合優勝を皮切りに、前人未到の四連覇へ、ぜひともチャレンジしてほしいものである。

（二〇一七年一二月一〇日記）

表一　七大戦各大会の主管校・優勝校、本学総長名、順位について

年	年	回	主管校	優勝校	主管校優勝	本学総長名	順位
一九六二	昭和三七	第一回	北海道大学	東京大学		黒川	四
一九六三	昭和三八	第二回	九州大学	東京大学		黒川／石津	五
一九六四	昭和三九	第三回	京都大学	東京大学		石津	七
一九六五	昭和四〇	第四回	大阪大学	京都大学		石津／本川	六
一九六六	昭和四一	第五回	東京大学	東京大学	○	本川	七
一九六七	昭和四二	第六回	東北大学	東北大学	○	本川	一
一九六八	昭和四三	第七回	名古屋大学	京都大学		本川	四
一九六九	昭和四四	第八回	北海道大学	北海道大学	○	本川	四
一九七〇	昭和四五	第九回	九州大学	京都大学		本川	五
一九七一	昭和四六	第一〇回	大阪大学	大阪大学	○	加藤	二
一九七二	昭和四七	第一一回	京都大学	京都大学	○	加藤	二
一九七三	昭和四八	第一二回	東北大学	東北大学	○	加藤	一
一九七四	昭和四九	第一三回	東京大学	東京大学	○	加藤	四
一九七五	昭和五〇	第一四回	名古屋大学	京都大学		加藤	六
一九七六	昭和五一	第一五回	北海道大学	北海道大学	○	加藤	五
一九七七	昭和五二	第一六回	大阪大学	大阪大学	○	前田	六
一九七八	昭和五三	第一七回	九州大学	九州大学	○	前田	五
一九七九	昭和五四	第一八回	京都大学	京都大学	○	前田	三
一九八〇	昭和五五	第一九回	東北大学	東北大学	○	前田	一
一九八一	昭和五六	第二〇回	東京大学	東京大学	○	前田	二
一九八二	昭和五七	第二一回	名古屋大学	東京大学		前田	五
一九八三	昭和五八	第二二回	北海道大学	東京大学		石田	五
一九八四	昭和五九	第二三回	九州大学	九州大学	○	石田	五
一九八五	昭和六〇	第二四回	大阪大学	大阪大学	○	石田	七
一九八六	昭和六一	第二五回	京都大学	京都大学	○	石田	六
一九八七	昭和六二	第二六回	東北大学	東北大学	○	石田	一
一九八八	昭和六三	第二七回	東京大学	東京大学	○	石田	六

一九八九	昭和六四	第二八回	名古屋大学	名古屋大学	○	石田／大谷	七
一九九〇	平成二	第二九回	北海道大学	北海道大学	○	大谷／西澤	五
一九九一	平成三	第三〇回	九州大学	東北大学		西澤	一
一九九二	平成四	第三一回	大阪大学	大阪大学	○	西澤	六
一九九三	平成五	第三二回	京都大学	京都大学	○	西澤	六
一九九四	平成六	第三三回	東北大学	東北大学	○	西澤	一
一九九五	平成七	第三四回	東京大学	東北大学		西澤	一
一九九六	平成八	第三五回	名古屋大学	名古屋大学	○	西澤／阿部	四
一九九七	平成九	第三六回	北海道大学	京都大学		阿部	五
一九九八	平成一〇	第三七回	九州大学	九州大学	○	阿部	四
一九九九	平成一一	第三八回	大阪大学	京都大学		阿部	二
二〇〇〇	平成一二	第三九回	京都大学	京都大学	○	阿部	五
二〇〇一	平成一三	第四〇回	東京大学	京都大学		阿部	二
二〇〇二	平成一四	第四一回	東北大学	東北大学	○	阿部／吉本	一
二〇〇三	平成一五	第四二回	名古屋大学	名古屋大学	○	吉本	三
二〇〇四	平成一六	第四三回	北海道大学	北海道大学	○	吉本	四
二〇〇五	平成一七	第四四回	九州大学	九州大学	○	吉本	六
二〇〇六	平成一八	第四五回	大阪大学	大阪大学	○	吉本／井上	五
二〇〇七	平成一九	第四六回	京都大学	京都大学	○	井上	三
二〇〇八	平成二〇	第四七回	東北大学	東北大学	○	井上	一
二〇〇九	平成二一	第四八回	東京大学	京都大学		井上	四
二〇一〇	平成二二	第四九回	名古屋大学	大阪大学		井上	七
二〇一一	平成二三	第五〇回	北海道大学	大阪大学		井上	六
二〇一二	平成二四	第五一回	九州大学	東京大学		里見	五
二〇一三	平成二五	第五二回	大阪大学	東北大学		里見	一
二〇一四	平成二六	第五三回	京都大学	東北大学		里見	一
二〇一五	平成二七	第五四回	東北大学	東北大学	○	里見	一
二〇一六	平成二八	第五五回	東京大学	東京大学	○	里見	三
二〇一七	平成二九	第五六回	名古屋大学	東北大学		里見	一

【表二　各大学の優勝時の総長】

○北海道大学（優勝回数四回）

第　八回（1969）堀内壽郎（1967.5-1971.4）①
第一五回（1976）今村成和（1975.5-1981.4）①
第二九回（1990）伴　義雄（1987.5-1991.4）①
第四三回（2004）中村睦男（2001.5-2007.4）①

○東北大学（一三回）

第　六回（1967）本川弘一（1965.11-1971.2）①
第一二回（1973）加藤睦奥雄（1971.5-1977.4）①
第一九回（1980）前田四郎（1977.5-1983.4）①
第二六回（1987）石田名香雄（1983.5-1989.4）①
第三〇回（1991）西澤潤一（1990.11-1996.11）①
第三三回（1994）西澤潤一　②
第三四回（1995）西澤潤一　③
第四一回（2002）阿部博之（1996.11-2002.11）①
第四七回（2008）井上明久（2006.11-2012.3）①
第五二回（2013）里見　進（2012.4-2018.3）①
第五三回（2014）里見　進　②
第五四回（2015）里見　進　③
第五六回（2017）里見　進　④

○東京大学（一一回）

第　一回（1962）茅　誠司（1957.12-1963.11）①
第　二回（1963）茅　誠司　②
第　三回（1964）大河内一男（1963.12-1968.10）①
第　五回（1966）大河内一男　②
第一三回（1974）林　健太郎（1973.4-1977.3）①
第二〇回（1981）平野龍一（1981.4-1985.3）①
第二一回（1982）平野龍一　②
第二二回（1983）平野龍一　③
第二七回（1988）森　亘（1985.4-1989.3）①
第五一回（2012）濱田純一（2009.4-2015.3）①
第五五回（2016）五神　真（2015.4-）①

○名古屋大学（三回）

第二八回（1989）早川幸男（1987.6-1992.2）①
第三五回（1996）加藤延夫（1992.4-1998.3）①
第四二回（2003）松尾　稔（1998-2004）①

○京都大学（一四回）

第　四回（1965）奥田　東（1963.12-1969.12）①
第　七回（1968）奥田　東　②
第　九回（1970）前田敏男（1969.12-1973.12）①
第一一回（1972）前田敏男　②
第一四回（1975）岡本道雄（1973.12-1979.12）①
第一八回（1979）岡本道雄　②
第二五回（1986）西島安則（1985.12-1991.12）①
第三二回（1993）井村裕夫（1991.12-1997.12）①
第三六回（1997）井村裕夫　②

第三八回	（1999）	長尾　真	（1997.12-2003.12）	①
第三九回	（2000）	長尾　真		②
第四〇回	（2001）	長尾　真		③
第四六回	（2007）	尾池和夫	（2003.12-2008.9）	①
第四八回	（2009）	松本　紘	（2008.10-2014.10）	①

○大阪大学（七回）

第一〇回	（1971）	釜洞醇太郎	（1969.8-1975.7）	①
第一六回	（1977）	若槻哲雄	（1975.8-1979.7）	①
第二四回	（1985）	山村雄一	（1979.8-1985.7）	①
〃		熊谷信昭	（1985.8-1991.7）	①
第三一回	（1992）	金森順次郎	（1991.8-1997.7）	①
第四五回	（2006）	宮原秀夫	（200.3 8-2007.7）	①
第四九回	（2010）	鷲田清一	（2007.8-2011.7）	①
第五〇回	（2011）	鷲田清一		②
〃		平野俊夫	（2011.8-2015.7）	①

○九州大学（四回）

第一七回	（1978）	武谷健二	（1975.11-1978.11）	①
第二三回	（1984）	田中健蔵	（1981.11-1986.9）	①
第三七回	（1998）	杉岡洋一	（1995.11-2001.11）	①
第四四回	（2005）	梶山千里	（2001.11-2008.9）	①

注：総長名に付けた括弧内の数字は、総長就任期間（年・月）を示す。次の丸囲みの数字は優勝回数を示す。

【表三　就任期間中の優勝回数の順位】

四回	里見　進	東北大学総長
三回	平野龍一	東京大学総長
	西澤潤一	東北大学総長
	長尾　真	京都大学総長
二回	茅　誠司	東京大学総長
	奥田　東	京都大学総長
	前田敏男	京都大学総長
	岡本道雄	京都大学総長
	井村裕夫	京都大学総長
	鷲田清一	大阪大学総長

15　二〇一七年教育・学生支援関係の主な一〇の出来事

二〇一七年一二月二八日（木）に行った「仕事納めの会」の私の挨拶の中で、例年のように二〇一七年に起こった教育・学生支援関係の主な一〇の出来事を述べた。今回はこれの紹介である。なお、いうまでもないことだが、苦労してやっと出来た案件や嬉しくなるような出来事などと、もっぱら私の観点で選んだものである。

〈指定国立大学法人の採択〉

二〇一六年度末に申請していたが、今年度になって書類審査、ヒアリング審査、現地調査などが行われ、この六月に、本学は東京大学、京都大学とともに指定国立大学法人に採択された。本学の二〇三〇年度を想定した教育、研究、社会・産学連携、ガバナンス・財務などの分野における改革が評価されたのだろう。このうち、教育・学生支援関係では、学位プログラムの拡充、高等大学院の設置、博士学生への経済援助の充実などが目玉である。

〈各種大学ランキングで高評価〉

英国のTimes Higher Education（THE）は日本のベネッセの協力を得て、日本版大学ランキングを初めて公表した。この教育力に注目したと言われるランキングで本学は、東京大学に次いで二位の高評価を得た。また、朝日新聞社の大学ランキングの高校からの総合評価で、昨年、一一年ぶりに東京大学に奪われた首位の座を再び獲得した。その他の各種ランキングでも本学は高い評価を得た。

〈ユニバーシティ・ハウス（UH）の整備・拡充〉

二〇一七年四月より、三条、上杉、長町の応急学生寄宿舎をUHとして運用することになった。これで、既存のUHと合わせて九六八室を有することになる。また、現在建築中の七五二室を有するUH青葉山は二〇一八年夏までには竣工し、一〇月から運用を開始する予定である。UHは、日本人学生にとっても、海外からの留学生にとっても、語学の鍛錬とともに異文化を体験できる絶好の環境である。

〈七大戦の総合優勝など、学生たちの活躍〉

第五六回七大学総合体育大会（通称七大戦）で本学は通算一三回目の総合優勝を飾った。里見総長就任以来四回目の総合優勝となり、総長の優勝回数では歴代一位となった。また、七大戦に限らず、運動部・文化部の多くの学生諸君が大いに活躍した。さらに、日本外国人特派員協会が主催する賞で、本学の留学生が三部門のすべてで一位を獲得した。

〈教育の質保証システムの体制整備〉

大学教育では教育の質保証や教育組織の見直しが叫ばれている。本学でも既にこれらの取り組みがなされているが、それらを「見える化」することが課題となっている。実際、中期目標・中期計画にもＰＤＣＡサイクルを回す組織や体制の整備を謳っている。今年度に入りこの議論を進め、教育改革推進会議を設置するとともに、本学の教育のグランドデザインを策定するためのタスクフォースを設置した。

〈第Ⅲ期全学的教育・厚生施設整備計画の立案〉

二〇一八年度から二〇二二年度までの第Ⅲ期五か年計画を策定するため、ワーキンググループを設置し、議論を経て原案を作成した。まだ最終的な承認の手続きを取る作業が残っているものの、今後五年間、年間一億円強の予算で整備されることとなった（注：その後この計画は承認され、二〇一八年度より実行に移されている）。

〈東北大学基金を活用した給付型奨学金制度の運用と整備〉

東北大学基金を活用した給付型奨学金制度を制定した。学部学生に関しては、この一〇月から経済的に困窮している学部学生五〇人に対し、月額三万円の給付型奨学金を授与した。また、博士学生三〇〇人への年間六〇万円支給する「東北大学グローバル萩博士学生奨学金」の制度設計を行い、原案を作成した。まだ最終的な承認の手続きを取る作業が残っているものの、二〇一八年度から実施する（注：その後この計画は承認され、二〇一八年度より実行に移されている）。

〈クォーター制の試行と授業録画配信システムの本格運用〉

二〇一七年度から全学教育科目ではクォーター制を試行することとなった。少なくとも三年間は試み、目指した効果が上がっているかの検証を行う予定である。また、すべての授業を録画して配信できるシステムを本格稼働させた。今後はグッドプラクティス（ＧＰ）を集め、利用率の向上を図ることとしている。

〈東北大学ＭＯＯＣの開始〉

二〇一六年度に設置したオープンオンライン教育開発推進センターが準備していた二つのＭＯＯＣ講座が、今年になってＪ―ＭＯＯＣのプラットホームの一つである「ｇａｃｃｏ」で公開された。本学の講座は質が高いと大変評判がよく、その後再開講も行っている。また、新しい二つの講座の収録も順調に行われており、二〇一八年上半期に公開される予定である。

〈川内地区サークル部室の整備が前進〉

川内地区応急仮設寄宿舎をサークル部室に変更する改修工事と、川内サークル棟の大規模改修工事が行われることとなった。改修後は、新たに用意できる七〇室ほどを、部室のないサークルに配分できることとなる。配分に当たっては、片平地区のサークル部室を優先的に割り当てることにしている。

（二〇一八年一月一〇日記）

16　二〇一二年教育・学生支援関係の主な一〇の出来事

本学本部事務機構の中で唯一と聞いているが、教育・学生支援部は毎年、その年の仕事納めの日の午後一番に、職員全員が一堂に会しての「仕事納めの会」を開催している。もっとも、会といっても実際は私の挨拶だけであるのだが。

理事（教育・学生支援・教育国際交流担当）に就任した最初の年の二〇一一年は、この会で何を話したかすっかり忘れてしまっている。翌二〇一三年からは、その年に起こった教育・学士支援関係の主な一〇の出来事を中心に話してきた。そしてその内容はこの欄でも紹介してきた。

在任六年の中で二〇一二年だけがないのも寂しいので、当時の運営企画会議の議題や私のメモ帳などを参考に、今回二〇一二年の主な一〇の出来事を作成してみた。以下、簡単に紹介する。

〈教育改革懇談会の設置と秋入学の議論〉

東京大学の濱田純一総長が提起した秋入学への対応も含め、教育改革を議論する教育改革懇談会を学内に設置し、議論を重ねた。さらに入試センターの先生方を中心に秋入学をテーマとしたミニシンポジムを開催したり、教育学研究科に秋入学に関するアンケート調査研究をお願いしたりした。本学は、秋入学は理想としては望ましいものの、まだ社会環境が整っていないので、時期尚早であるとの立場をとった。

〈リーディングプログラム推進機構の設置〉

リーディングプログラムは二〇一一年度から始まった文部科学省の競争的資金による教育プログラムである。本学は、二〇一一年度は採択がかなわなかったが、二〇一二年度に一件が採択された。次年度も公募されることから、複数のプログラムの採択が見込めるだろうとの前提で、複数のプログラムの質保証を主な目的とする本機構を設置した。

〈グローバルラーニングセンターの設置決定〉

グローバル人材育成推進事業（ＧＧＪ）の採択を受け、本事業を強力かつ円滑に進めるために、グローバルラーニングセンター（ＧＬＣ）を設置することとした。既存の国際教育院はＧ―30事業を推進する組織として、ＧＬＣは主にＧＧＪを推進する組織として位置づけられる。

〈卓越した大学院拠点形成支援補助金に六件採択〉

グローバルＣＯＥの事後評価で高評価の分野や、一専攻当たり三件の大型科研費を受領している専攻を対象とした補助金制度で、本学は六件採択された。この件数と支援の額は、東京大学、京都大学に次ぐ規模である。主に大学院学生をＲＡ（リサーチアシスタント）に雇用する経費として使用されることになっている。

〈グローバル人材育成推進事業（ＧＧＪ）の採択〉

学生の受け入れ促進を目的とするＧ―30事業に続き、日本人学生の海外留学を促進することを目的とする事業が提案され、本学は全学型（タイプＡ）に無事採択された。本学のプログラム名は東北大学グローバルリーダーシッププログラム（略称はＴＧＬ）であり、登録して参加者となり、条件をクリアーした学生にはグローバルリーダー認定証を授与するというものである。なお、七大学の中では、本学と北海道大学のみの採択であった。

〈新学務情報システムの検討と導入決定〉

成績管理などに利用してきた「教務情報システム」が古くなったので、新たに「学務情報システム」を導入することとした。既存の様々なデータベースを統合できる能力をもつシステムで、学生の個々人の情報の統一した扱いを可能とし、学生や教職員に対するサービスが一段と向上するものと期待されている。

〈学生寄宿舎の整備計画を検討し報告書を公表〉

学生生活協議会の下にワーキンググループを設置し、学生寄宿舎の将来像を議論した。本学には経済支援のための学生寮（男子五寮、女子一寮）と、二〇〇七年度から運営している国際混住寮であるユニバーシティ・ハウス（ＵＨ）がある。短期的、中期・長期的視点から学生寄宿舎の将来のあり方が議論され、当面はＵＨの拡充に注力することとした。

〈試行を経てＳＬＡ制度の正式導入決定〉

ＳＬＡ制度とは、学生をStudent Learning Advisor

（SLA）として雇用し、全学教育の数学や物理学などの授業科目で躓いている学生の相談に乗る制度である。学習分野の学生による学生への支援である。これを三年間試行してきたが、その効果は高いとの判断で二〇一二年度から正式な制度として走らせることとなった。SLA支援室を高等教育開発推進センターの中に置くこととした。

〈教職実践演習実施体制の検討〉

教員の教育力を向上する目的で、教職免許状を取得する学生は、学部四年次に四単位相当の「教職実践演習」の受講が必須となった。新しい授業科目であるため、学務審議会にワーキンググループを設置し、授業科目の在り方の検討を行った。このため、高校長を務めた方を特任教授で雇用し、準備にあたることとした。

〈UCRに東北大学センター開設を決定〉

入学後の早い時期に、短期間（三〜五週間）でも海外へ留学することで異文化を体験して自らのコミュニケーション力を把握し、そして自分を見つめてもらう目的で、短期海外留学（Study Abroad Program：SAP）を推し進めることにしている。これを推進する目的で、交流拠点校としてUniversity of California, Riverside（UCR）校を選び、東北大学センターを設けることとした。なお、リバーサイド市は仙台市と姉妹都市（協定締結は一九五七年）の関係にある（注：センター開所式は、二〇一三年二月一日に行われた）。

（二〇一八年二月一〇日）

17 全学教育ガイド
―全学教育を理解してもらうために―

教育を担当する理事は、全学の教育全般を所掌するのはもちろんだが、専門教育は各部局に責任主体があるので、活動の軸足は必然的に全学教育を推進するところに置かれる。実際、教育担当理事は本学の教務全般を審議する学務審議会を掌理することになるが、この審議会でも議論のかなりの部分は全学教育が対象となる。

さて、二〇一二年四月に理事に就任して、全学教育の現場を見たり聞いたりしてみると、既に言われていたことだが、全学教育の意義を学生全員が必ずしも理解していないように思えた。毎年二月に行っている二年次学生との懇談会においても、高校の延長のような授業が多い、学ぶ意義が分からない、などと意見する学生も少数ではあるが存在する。早く専門分野の学問を学びたいという希望は大いに理解できるのであるが、教養を身に着けることも重要であることを理解してもらいたいと思うに至った。

そこで、全学教育の意義と現在本学が強く進めている特徴的な全学教育を、直接新入生に伝える目的でA4版4ページのリーフレット、「東北大学全学教育ガイド」を作ることとした。入学手続きの書類とともに送付することで、入学後の川内キャンパスでの学修に期待をもってもらおうとの意図である。

実は、私にはもう一つの意図があった。このリーフレットを全学の教員にも配布することで、本学の全学教育の実態を知ってもらうことである。多くの教員は、全学教育は自分には無関係とばかり、何が行われてるのか知らないのである。そのような状態を打破することが、今後の全学教育の質を高める基礎となるだろうとの思いである。

この「東北大学全学教育ガイドブック」は、教務課全学教育実施係が担当することになった。二〇一三年度から、毎年修正を加えながらこの三月には二〇一八年度版を出した。私は、リーフレットの冒頭に、四〇〇字程度と短いものであるが、メッセージを書いてきた。本稿では、以下にこれを再掲したい。二〇一三年度と二〇一五年度は既に紹介しているので、ここではそれを除く四年分である。

【二〇一四年度】

「高度教養教育・学生支援機構」が設置されました！

二〇一四年四月、東北大学は独立に設置されていた六つの教育組織を統廃合し、「高度教養教育」を実践するとともに、学生支援の一層の充実を図ることを目的とし、新たに「高度教養教育・学生支援機構」を発足させました。

「高度教養教育」とは、「高度化された内容と方法で、高年次まで提唱される教養教育」のことです。具体的には、（1）現代的課題に挑戦する精選された授業科目群の開発・提供すること、（2）学士課程初年次から大学院課程終了までを見据えた授業科目を配置すること、（3）専門教育と連携して専門分野の壁を越えた素養と鳥瞰力を育成すること、（4）国際共修や異文化理解プログラム・海外研鑽プログラムを通じてグローバルな視点と理解力を育成すること、そして、（5）行動力とリーダーシップを備えたグローバルリーダーを育成することを目指しています。

新機構では、現代にマッチし、皆さんの自主性を尊重した多くの多様な授業科目を提供することとしております。学生の皆さん、積極果敢にこれらの授業科目にチャレンジしてください。

【二〇一六年度】

最先端の専門的知識とそれらを活用する力を得るために

東北大学への入学、おめでとう。皆さんはまず、川内北キャンパスで「全学教育」を受けることになります。全学教育とは、すべての学部の皆さんを対象とした基盤的な共通教育のことです。

全学教育でコアとなるのは、教養教育（リベラルアーツ教育）です。自分のことや他者のことを知る人文科学、社会のことを知る社会科学、そして自然のことを知る自然科学、これらの分野の基礎知識を身につけ、真理の探求の仕方を学ぶための授業科目群を準備しています。皆さんは、最先端の専門的知識とそれらを活用する力を得るために大学に入学されたと思います。この目的を達成するための重要な基盤を創るのが全学教育の役割です。本学は、皆さんが全学教育を楽しくかつ積極的に取り組めるよう、様々な工夫や仕組みを導入しています。皆さん、主体的に全学教育に取り組み、そして楽しんでください。

本学教養教育院と学務審議会が主催する第六回東北大学教養教育特別セミナーを四月一一日（月）の午後に、川内萩ホールで開催します。今回の共通テーマは「異文化理解と教養―留学によって身につく力―」です。皆さん一人ひとりが、全学教育で何を目指すべきかを考える良い機会ですので、奮って参加してください。

【二〇一七年度】
全学教育は、今年度よりクォーター制となります！

皆さん、東北大学への入学、おめでとうございます。皆さんはまず、川内北キャンパスで全学教育を受けることになります。全学教育とは、学部を問わず全学のすべての皆さんを対象とした教育のことです。共通教育あるいは基盤教育と呼ぶ大学もあります。

本学の全学教育は、今年度よりセメスター制（二学期制）からクォーター制（四学期制）に変わります。一つのクォーターは正味八週間で構成されます。授業科目は週二回の科目、週一回の科目など混在しますが、週当たりの受講科目数を減らすことにより、皆さんが集中的に学修できる環境となります。また、これまで以上に海外留学をしやすい学事暦となります。皆さんが初めての学年ですので、戸惑うこともあるでしょうが、趣旨を活かして積極的かつ自発的に全学教育を楽しんでください。

本学教養教育院と学務審議会が主催する第七回教養教育特別ミナーを、四月一〇日（月）の午後に、川内萩ホールで開催します。セミナーのテーマは「学問にとって『役に立つ』とはいかなることか」です。皆さん一人ひとりが、全学教育で何を学修するかを考える良い機会ですので、奮ってご参加ください。

【二〇一八年度】
大学では、授業科目を自分で選びます！

皆さん、東北大学への入学、おめでとうございます。大学生活への不安と期待で胸がいっぱいのことと思います。

皆さんはまず、川内北キャンパスで「全学教育」を受けることになります。全学教育とは、学部を問わず全学のすべての皆さんを対象とする教育のことです。共通教育あるいは基盤教育と呼ぶ大学もあります。本学の全学教育では、様々なカテゴリで多くの授業科目が用意されています。その一端をこの「全学教育ガイド」で紹介していますので参考にしてください。クラスが指定される授業科目もありますが、高校までとは違い、どの授業科目を選択するのかは、最終的に皆さん一人ひとりが自分の責任で決めることになります。所属学部・学科のオリエンテーションでどのようにカリキュラムを組めばいいのか説明がありますので、それらを参考にしてください。また、先輩にアドバイスを求めるのもいいかもしれません。

なお、高度教養教育・学生支援機構の教養教育院と学務審議会が共催する第八回教養教育特別セミナーを、四月九日（月）の午後に、川内萩ホールで開催します。今回のセミナーのテーマは「ＡＩ　時代における教養の役割」です。皆さんが全学教育で何をどのように学修するのかを考える良い機会ですので、奮ってご参加ください。

（二〇一八年九月一〇日）

〈著者略歴〉

花輪　公雄（はなわ・きみお）

1952 年、山形県生まれ。1981 年、東北大学大学院理学研究科地球物理学専攻、博士課程後期 3 年の課程単位修得修了。理学博士。専門は海洋物理学。東北大学理学部助手、講師、助教授を経て、1994 年教授。2008 年度から 2010 年度まで理学研究科長・理学部長、2012 年度から 2017 年度まで理事（教育・学生支援・教育国際交流担当）。2018 年 3 月、定年退職。東北大学名誉教授。

続 東北大生の皆さんへ

―教育と学生支援の新展開を目指して―

Messages to Tohoku University Students II

2019 年 10 月 1 日　第 1 刷発行

著　者　花輪　公雄

発行者　久道　茂

発行所　東北大学出版会

〒980-8577　仙台市青葉区片平 2-1-1

TEL：022-214-2777　FAX：022-214-2778

https://www.tups.jp　E-mail：info@tups.jp

印　刷　東北大学生活協同組合

〒980-8577　仙台市青葉区片平 2-1-1

TEL：022-262-8022

ISBN978-4-86163-325-6

定価はカバーに表示してあります。

乱丁、落丁はおとりかえします。